高等学校"十二五"规划教材

微型有机化学实验

黄智敏　邢秋菊　李婷婷　编

化学工业出版社

·北京·

本书包括：有机化学实验基础知识介绍、基本操作技能训练、23 个典型有机化合物的制备或提取分离及 1 个综合性实验、7 个设计性实验。实验方法以常规合成为主，辅以微波合成和超声波合成。书后附录中常用有机试剂的纯化和有机官能团的定性鉴定可供相关化学工作者参考和查阅。

本书既可作为高等工科院校的化学、应用化学、材料化学、高分子、化工、材料、环境、生物、食品、制药类等专业的教材，也可作为其他相关专业的教学用书或参考书。

图书在版编目（CIP）数据

微型有机化学实验/黄智敏，邢秋菊，李婷婷编 . 北京：化学工业出版社，2013.7（2023.8重印）

高等学校"十二五"规划教材

ISBN 978-7-122-17555-7

Ⅰ.①微… Ⅱ.①黄… ②邢… ③李… Ⅲ.①有机化学-化学实验-高等学校-教材 Ⅳ.①O62-33

中国版本图书馆 CIP 数据核字（2013）第 120462 号

责任编辑：宋林青　　　　　　　　　　　文字编辑：糜家铃
责任校对：战河红　　　　　　　　　　　装帧设计：史利平

出版发行：化学工业出版社（北京市东城区青年湖南街 13 号　邮政编码 100011）
印　　装：天津盛通数码科技有限公司
710mm×1000mm　1/16　印张 9¼　字数 183 千字　　2023 年 8 月北京第 1 版第 6 次印刷

购书咨询：010-64518888　　　　　　　售后服务：010-64518899
网　　址：http://www.cip.com.cn
凡购买本书，如有缺损质量问题，本社销售中心负责调换。

定　　价：28.00 元

前 言

　　有机化学是高等院校化学、化工及材料类专业的一门必修专业基础课。有机化学实验是有机化学的重要组成部分，它既是对有机化学反应的实践，又是一个相对独立、完整的体系。

　　本书的内容主要包括：有机化学实验基础知识介绍、基本操作技能训练、典型有机化合物的制备和一些综合性、设计性实验。在内容的选排上尽量体现信息化、绿色化、系统化、规范化和现代化的特点，重点加强有机化学实验基本操作技能训练，初步了解综合性、设计性实验的要求，为最后进入综合性、设计性实验奠定基础。

　　微型有机化学实验是20世纪80年代在国际上崛起、近年来在我国也得到了迅速发展的一种新颖的实验方法和实验技术。与常量有机化学实验相比，它具有药品用量少、实验精度高、环境污染小、可降低药品费用及加强实验室安全等优点，是现代实验教学和研究的方向。本书除了采用微型有机化学实验外，还对微波合成和超声波合成进行一些探索。

　　本书是在我校多年使用的微型有机化学实验讲义的基础上编写的，第1章和附录由邢秋菊编写，第2章由李婷婷编写，第3、4章由黄智敏编写，全书由黄智敏和邢秋菊统稿，最后由黄智敏定稿。感谢在我校最早进行微型有机化学实验改革探索的饶厚曾老师、唐星华老师，感谢使用过本讲义的舒红英老师、许才利老师对本书编写提出的宝贵意见，感谢使用过本讲义的同学们对微型有机化学实验探索的支持。感谢对本书出版提供大力支持和帮助的化学工业出版社的编辑。

　　由于编者的水平有限，疏漏和不妥之处在所难免，衷心希望各位专家和使用本书的师生给予批评指正，在此我们致以最诚挚的谢意！

编者

2013 年 5 月于南昌航空大学

目　录

第1章　有机化学实验的一般
　　　　知识 ‥‥‥‥‥‥‥‥‥ 1
1.1　有机化学实验室规则 ‥‥‥‥ 1
1.2　有机化学实验室的安全知识 ‥‥ 2
　1.2.1　防火 ‥‥‥‥‥‥‥ 3
　1.2.2　防爆 ‥‥‥‥‥‥‥ 5
　1.2.3　防中毒和化学灼伤 ‥‥‥ 5
　1.2.4　防割伤 ‥‥‥‥‥‥ 8
　1.2.5　用电安全 ‥‥‥‥‥ 8
1.3　有机化学实验预习、记录和实验
　　　报告 ‥‥‥‥‥‥‥‥ 8
　1.3.1　实验预习 ‥‥‥‥‥‥ 9
　1.3.2　实验记录 ‥‥‥‥‥‥ 9
　1.3.3　实验报告 ‥‥‥‥‥‥ 9
1.4　有机化学实验常用仪器和设备 ‥ 13
　1.4.1　玻璃仪器 ‥‥‥‥‥ 13
　1.4.2　金属用具 ‥‥‥‥‥ 14
　1.4.3　电动仪器及小型机电设备 ‥ 15
　1.4.4　其他仪器设备 ‥‥‥‥ 16
　1.4.5　有机实验常用装置 ‥‥‥ 19
　1.4.6　仪器的选择 ‥‥‥‥‥ 22
　1.4.7　仪器的装配与拆卸 ‥‥‥ 22

第2章　有机化学实验基本技能和
　　　　基本操作 ‥‥‥‥‥‥ 23
2.1　化学文献检索简介 ‥‥‥‥ 23
　2.1.1　工具书和参考书 ‥‥‥ 23
　2.1.2　期刊杂志 ‥‥‥‥‥ 25
　2.1.3　化学文摘 ‥‥‥‥‥ 26
　2.1.4　网上资源 ‥‥‥‥‥ 28
2.2　有机化合物熔点测定及温度
　　　校正 ‥‥‥‥‥‥‥‥ 29
　2.2.1　基本原理 ‥‥‥‥‥ 29
　2.2.2　测定熔点的方法 ‥‥‥ 30
2.3　有机化合物沸点测定 ‥‥‥ 32

　2.3.1　基本原理 ‥‥‥‥‥ 32
　2.3.2　沸点的测定 ‥‥‥‥‥ 33
2.4　加热方法 ‥‥‥‥‥‥‥ 34
2.5　冷却方法 ‥‥‥‥‥‥‥ 35
2.6　干燥方法 ‥‥‥‥‥‥‥ 36
　2.6.1　基本原理 ‥‥‥‥‥ 36
　2.6.2　液体有机化合物的干燥 ‥ 37
　2.6.3　固体有机化合物的干燥 ‥ 39
　2.6.4　气体的干燥 ‥‥‥‥‥ 39
2.7　常压蒸馏 ‥‥‥‥‥‥‥ 40
　2.7.1　蒸馏原理 ‥‥‥‥‥ 40
　2.7.2　蒸馏过程 ‥‥‥‥‥ 40
　2.7.3　蒸馏装置 ‥‥‥‥‥ 41
　2.7.4　简单蒸馏操作 ‥‥‥‥ 41
2.8　简单分馏 ‥‥‥‥‥‥‥ 43
　2.8.1　分馏原理 ‥‥‥‥‥ 43
　2.8.2　分馏装置图 ‥‥‥‥‥ 44
　2.8.3　分馏基本操作 ‥‥‥‥ 44
2.9　减压蒸馏 ‥‥‥‥‥‥‥ 46
　2.9.1　基本原理 ‥‥‥‥‥ 46
　2.9.2　减压蒸馏装置 ‥‥‥‥ 47
2.10　共沸蒸馏 ‥‥‥‥‥‥‥ 50
　2.10.1　基本原理 ‥‥‥‥‥ 50
　2.10.2　共沸蒸馏装置 ‥‥‥‥ 50
　2.10.3　共沸基本操作 ‥‥‥‥ 50
2.11　水蒸气蒸馏 ‥‥‥‥‥‥ 51
　2.11.1　基本原理 ‥‥‥‥‥ 51
　2.11.2　馏出液组成的计算 ‥‥‥ 51
　2.11.3　水蒸气蒸馏装置 ‥‥‥ 52
2.12　萃取 ‥‥‥‥‥‥‥‥ 53
　2.12.1　基本原理 ‥‥‥‥‥ 53
　2.12.2　萃取过程的分离效果 ‥‥ 54
　2.12.3　萃取剂的选择 ‥‥‥‥ 55
　2.12.4　萃取操作方法 ‥‥‥‥ 56

2.13　重结晶 ……………………… 58
　　2.13.1　基本原理 ……………… 58
　　2.13.2　重结晶溶剂的选择 …… 58
　　2.13.3　重结晶的操作方法 …… 59
2.14　升华 ………………………… 63
　　2.14.1　基本原理 ……………… 63
　　2.14.2　升华操作 ……………… 64
2.15　色谱分离技术 ……………… 66
　　2.15.1　薄层色谱 ……………… 66
　　2.15.2　纸色谱 ………………… 69
　　2.15.3　柱色谱 ………………… 71

第3章　有机化合物的合成与
　　　　　制备 …………………… 76
3.1　无水乙醇的制备 …………… 76
3.2　环己烯的合成 ……………… 77
3.3　1-溴丁烷的制备 …………… 79
3.4　乙酸正丁酯的制备 ………… 81
3.5　乙酸乙酯的制备 …………… 83
3.6　硝基苯的制备 ……………… 85
3.7　苯胺的制备 ………………… 87
3.8　正丁醚的制备 ……………… 88
3.9　乙酰苯胺的合成 …………… 90
3.10　乙酰水杨酸的制备 ………… 93
3.11　肉桂酸的制备 ……………… 95
3.12　甲基橙的制备 ……………… 96
3.13　对位红的制备与棉布染色 … 98
3.14　茶叶中提取咖啡因 ……… 102
3.15　菠菜中色素提取与色谱分离 … 103
3.16　乙酰二茂铁的制备 ……… 106
3.17　醋酸乙烯酯的乳液聚合 … 109
3.18　微波辐射合成正溴丁烷 … 111

3.19　微波辐射合成肉桂酸 …… 113
3.20　超声条件下苯甲酸甲酯的
　　　合成 ……………………… 114
3.21　超声波辅助橙皮中提取
　　　柠檬烯 …………………… 115
3.22　2-甲基-2-己醇的制备 …… 116
3.23　三苯甲醇的制备 ………… 118
3.24　抗氧化剂 BHT 的制备 … 119

第4章　设计性实验 …………… 123
4.1　设计性实验的一般要求 … 123
4.2　液体洗涤剂的配制 ……… 124
4.3　从天然产物中提取香精 … 125
4.4　从植物中提取天然色素 … 126
4.5　茶叶中咖啡因的提取与纯化 … 127
4.6　羧酸酯类香精的合成 …… 128
4.7　苯甲酸的合成 …………… 129
4.8　苯乙酮的制备 …………… 130

附录 ……………………………… 132
附录Ⅰ　常用元素相对原子质量 … 132
附录Ⅱ　常用的酸碱浓度和组成 … 132
附录Ⅲ　常见有机溶剂沸点和相对
　　　　密度表 ………………… 133
附录Ⅳ　压力换算表 ………… 133
附录Ⅴ　水的饱和蒸气压
　　　　（0～100℃） ………… 133
附录Ⅵ　常用有机试剂的纯化 … 134
附录Ⅶ　常见有机官能团的定性
　　　　鉴定 ………………… 136

参考文献 ………………………… 141

第1章　有机化学实验的一般知识

1.1　有机化学实验室规则

为了保证有机化学实验正常进行，培养良好的实验方法，并保证实验室的安全，学生必须严格遵守有机化学实验室规则。

(1) 在进入有机化学实验室之前，必须认真阅读本章内容，了解进入实验室后需注意的事项及有关规定。

(2) 切实做好实验前的准备工作。每次做实验前，认真预习有关实验内容及相关参考资料。写好实验预习报告，方可进行实验。没有达到预习要求者，不得进行实验。

(3) 进入实验室时，应熟悉实验室灭火器材、急救药箱的放置地点和使用方法。严格遵守实验室的安全守则和每个实验操作中的安全注意事项。若发生意外事故应及时处理并报请老师做进一步处理。

(4) 每次实验，先将仪器安装好，经指导老师检查合格后，方可进行下一步操作。在操作前，想好每一步操作的目的、意义，实验中的关键步骤及难点，了解所用药品的性质及应注意的安全问题。

(5) 实验中严格按操作规程操作，如要改变，必须经指导老师同意。实验中要认真、仔细观察实验现象，如实做好记录。遵从教师的指导，按照实验教材所规定的步骤、仪器及试剂的规格和用量进行实验。若要更改实验内容，须征求教师同意，才可改变。实验完成后，经指导老师登记实验结果，并将产品回收统一保管。课后，按时写出符合要求的实验报告。

(6) 实验过程中应遵守纪律，保持安静，不得大声喧哗。要精神集中，认真操作，细致观察，积极思考，如实记录，不得擅自离开实验室。不能穿拖鞋、背心等暴露过多的服装进入实验室，实验室内不能吸烟和吃东西。

(7) 应经常保持实验室的环境卫生。爱护公共仪器和工具，应在指定地点使用，并保持整洁，公共仪器用完后，放回原处，并保持原样；药品取完后及时将盖子盖好，保持药品台清洁。废液应倒入废液桶内（易燃液体除外），固体废物（如沸石、棉花等）应倒入垃圾桶内，千万不要倒入水池中，以免堵塞。

(8) 要节约用水、电和药品。如有损坏仪器应及时告诉老师如实登记，办理登记换领手续。

（9）实验完毕离开实验室时，应把水、电和煤气开关关闭，做好实验台的清洁，交还实验仪器，请老师检查、签字后，方可离开实验室。

（10）值日生应打扫实验室，把废物容器倒净。做完值日后，再请指导老师检查签字。离开实验室前检查水、电、气是否关闭。

1.2　有机化学实验室的安全知识

在实验中要经常使用有机试剂和溶剂，这些物质大多数都易燃、易爆，而且具有一定的毒性。虽然在选择实验时，已尽量选用低毒性的溶剂和试剂，但是当大量使用时，对人体也会造成一定的伤害，因此防火、防爆、防毒是有机实验中的重要问题。同时还应注意安全用电，防止割伤和灼伤事故的发生。

实验物品常见警告标识符号如图 1-1 所示。

1.2.1　防火

为了防止着火，实验中应注意以下几点。

（1）不能用烧杯或敞口容器盛装易燃物。加热时，应根据实验要求及易燃物的特点选择热源，注意远离明火。严禁用明火进行易燃液体（如乙醚）的蒸馏或回流操作。

（2）尽量防止或减少易燃气体外逸，倾倒时要灭火源，且注意室内通风，及时排出室内的有机物蒸气。

（3）易燃、易挥发的废物不得倒入废液缸或垃圾桶内。量大时应专门回收处理；量小时可倒入水池用水冲走，但是严禁将与水有猛烈反应的物质倒入水槽中，如金属钠，切忌养成一切东西都往水槽里倒的习惯。

（4）注意一些能在空气中自燃的试剂的使用与保存（如煤油中的钾、钠和水中的白磷）。

（5）蒸馏易燃的有机物时，装置不能漏气，如发现漏气时，应立即停止加热，检查原因，若因塞子被腐蚀时，则待冷却后，才能换掉塞子；若漏气不严重时，可用石膏封口，但是绝不能用蜡涂口，因为蜡熔化的温度不高，受热后，它会熔融，不仅起不到密封的作用，还会溶解于有机物中，又会引起火灾，所以用蜡涂封不但无济于事，还往往引起严重的后果。从蒸馏装置接收瓶出来的尾气的出口应远离火源，最好用橡皮管引到室外去。

（6）回流或蒸馏易燃低沸点液体时，应注意：①应放数粒沸石或素烧瓷片或一端封口的毛细管，以防止暴沸，若在加热后才发觉未放入沸石这类物质时，绝不能急躁，不能立即打开瓶塞补放，而应停止加热，待被蒸馏的液体冷却后才能加入，否则，会因暴沸而发生事故；②严禁直接加热；③瓶内液体量最多只能装至半满；

爆炸性　　　　　易燃　　　　　助燃　　　　　自燃物品

有毒　　　　　腐蚀性　　　　　有害　　　　　刺激性

有机过氧化物　　　易燃固体　　　一级放射性物品　　　氧化剂

当心火灾-易燃物质　　当心火灾-氧化物质　　当心火灾-爆炸性物质

图 1-1　实验物品常见警告标识符号

④加热速度宜慢，不能快，避免局部过热。总之，蒸馏或回流易燃低沸点液体时，一定要谨慎从事，不能粗心大意。

（7）用油浴加热蒸馏或回流时，必须十分注意避免由于冷凝用水溅入热油浴中致使油外溅到热源上而引起火灾的危险，通常发生危险的原因，主要是由于橡皮管套进冷凝管的侧管上不紧密，开动水阀过快，水流过猛把橡皮管冲出来，或者由于橡皮管套不紧而漏水，所以要求橡皮管套入侧管时要很紧密，开动水阀也要慢动作，使水流慢慢通入冷凝管中。

（8）当处理大量的可燃性液体时，应在通风橱中或在指定地方进行，室内应无火源。

（9）不得把燃着或者带有火星的火柴梗或纸条等乱抛乱掷，也不得丢入废物缸中。否则，很容易发生危险。

实验室如发生失火事故，室内全体人员应积极而有秩序地参加灭火。一般采用如下措施。

一方面防止火势扩展，立即关闭煤气灯，熄灭其他火源，关闭室内总电闸，搬开易燃物质。另一方面，有机化学实验室灭火，常采用使燃着的物质隔绝空气的办法，通常不能用水。否则，反而会引起更大火灾。在失火初期，不能用口吹，必须使用灭火器、砂、毛毡等。若火势小，可用数层抹布把着火的仪器包裹起来。如在小器皿内着火（如烧杯或烧瓶内），可盖上石棉板使之隔绝空气而熄灭，绝不能用口吹。

如果油类着火，要用砂或灭火器灭火。也可撒上干燥的固体碳酸钠或碳酸氢钠粉末，就能扑灭。

如果电器着火，必须先切断电源，然后才用二氧化碳灭火器或四氯化碳灭火器灭火（注意：四氯化碳蒸气有毒，在空气不流通的地方使用有危险！），因为这些灭火剂不导电，不会使人触电。绝不能用水和泡沫灭火器去灭火，因为水能导电，会使人触电甚至死亡。

如果衣服着火，应立即在地上打滚，盖上毛毡或棉毯一类东西，使之隔绝空气而灭火。

总之，当失火时，应根据起火的原因和火场周围的情况，采取不同的方法扑灭火焰。无论使用哪一种灭火器材，都应从火的四周开始向中心扑灭。水在大多数场合下不能用来扑灭有机物的着火。因为一般有机物都比水轻，泼水后，火不但不熄，反而漂浮在水面燃烧，火随水流促其蔓延。

常用灭火器的种类与适用范围如图 1-2 和表 1-1 所示。

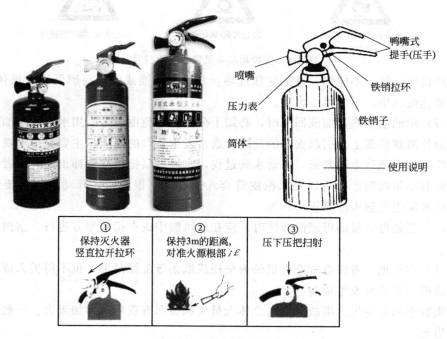

图 1-2　常用灭火器种类

表 1-1　常用灭火器的适用范围

名称	药液成分	适 用 范 围
泡沫灭火器	$Al_2(SO_4)_3$ 和 $NaHCO_3$	用于一般失火及油类着火。因为泡沫能导电，所以不能用于扑灭电器设备着火。火后清理较麻烦
四氯化碳灭火器	液态 CCl_4	用于电器设备及汽油、丙酮等着火。四氯化碳在高温下生成剧毒的光气，不能在狭小和通风不良的实验室使用 注意四氯化碳与金属钠接触将发生爆炸
1211 灭火器	CF_2ClBr 液化气体	用于油类、有机溶剂、精密仪器、高压电气设备的灭火
二氧化碳灭火器	液态 CO_2	用于电器设备失火及忌水的物质及有机物着火。注意喷出的二氧化碳使温度骤降，手若握在喇叭筒上易被冻伤
干粉灭火器	$NaHCO_3$ 等盐类与适宜的润滑剂和防潮剂	用于油类、电器设备、可燃气体及遇水燃烧等物质的着火

1.2.2　防爆

在有机化学实验室中，发生爆炸事故一般有以下两种情况。

(1) 某些化合物容易发生爆炸，如过氧化物、芳香族多硝基化合物等，在受热或者受到碰撞时，均会发生爆炸。含过氧化物的乙醚在蒸馏时，也有爆炸的危险。乙醇和浓硝酸混合在一起，会引起极强烈的爆炸。

(2) 仪器安装不正确或者操作不当时，也可引起爆炸。如蒸馏或反应时实验装置被堵塞，减压蒸馏使用不耐压的仪器，反应过于激烈而失去控制，易燃易爆气体如氢气、乙炔等气体烃类、煤气和有机蒸气等大量逸入空气，引起爆燃等。

爆炸的毁坏力极大，必须严加防范。凡有爆炸危险的实验，在教材中必有具体的安全指导，应严格执行。此外，平时应该遵守以下各点。

(1) 取出的试剂药品不得随便倒回储备瓶中，也不能随手倾入污物缸，应征求教师意见后再加以处理。

(2) 在做高压或减压实验时，应使用防护屏或戴防护面罩。

(3) 不得让气体钢瓶在地上滚动，不得撞击钢瓶表头，更不得随意调换表头。搬运钢瓶时应使用钢瓶车。

(4) 在使用和制备易燃、易爆气体时，如氢气、乙炔等，必须在通风橱内进行，并不得在其附近点火。

(5) 煤气灯用完后或中途煤气供应中断时，应立即关闭煤气龙头。若遇煤气泄漏，必须停止实验，立即报告教师检修。

1.2.3　防中毒和化学灼伤

化学药品的危险性除了易燃易爆外，还在于它们具有腐蚀性、刺激性、对人体的毒性，特别是致癌性。使用不慎会造成中毒或化学灼伤事故。特别应该指出的是，实验室中常用的有机化合物，其中绝大多数对人体都有不同程度的毒害。

化学中毒主要是由下列原因引起的。

（1）由呼吸道吸入有毒物质的蒸气。

（2）有毒药品通过皮肤吸收进入人体。

（3）吃进被有毒物质污染的食物或饮料，品尝或误食有毒药品。

化学灼伤则是因为皮肤直接接触强腐蚀性物质、强氧化剂、强还原剂，如浓酸、浓碱、氢氟酸、钠、溴等引起的局部外伤。

化学中毒和化学灼伤的预防措施如下。

（1）最重要的是保护好眼睛！在化学实验室里应该一直佩戴护目镜（平光玻璃或有机玻璃眼镜），防止眼睛受刺激性气体熏染，防止任何化学药品特别是强酸、强碱、玻璃屑等异物进入眼内。

（2）禁止用手直接取用任何化学药品，使用有毒药品时除用药匙、量器外必须佩戴橡皮手套，实验后马上清洗仪器用具，立即用肥皂洗手。

（3）尽量避免吸入任何药品和溶剂蒸气。处理具有刺激性的、恶臭的和有毒的化学药品时，如 H_2S、NO_2、Cl_2、Br_2、CO、SO_2、SO_3、HCl、HF、浓硝酸、发烟硫酸、浓盐酸、乙酰氯等，必须在通风橱中进行。通风橱开启后，不要把头伸入橱内，并保持实验室通风良好。

（4）严禁在酸性介质中使用氰化物。

（5）禁止口吸吸管移取浓酸、浓碱、有毒液体，应该用洗耳球吸取。禁止冒险品尝药品试剂，不得用鼻子直接嗅气体，而是用手向鼻孔扇入少量气体。

（6）不要用乙醇等有机溶剂擦洗溅在皮肤上的药品，这种做法反而增加皮肤对药品的吸收速度。

（7）实验室里禁止吸烟进食，禁止赤膊穿拖鞋。

（8）有毒药品应认真操作，妥善保管，不许乱放。实验中所用的剧毒物质应有专人负责收发，并向使用毒物者提出必须遵守的操作规程。实验后的有毒残渣必须做妥善而有效的处理，不准乱丢。

（9）有些有毒物质会渗入皮肤，因此，接触这些物质时必须戴橡皮手套，操作后立即洗手，切勿让毒品沾及五官或伤口。例如，氰化钠沾及伤口后就会随血液循环至全身，严重者会造成中毒死亡事故。

（10）在反应过程中可能生成有毒或有腐蚀性气体的实验应在通风橱内进行，使用后的器皿应及时清洗。在使用通风橱时，实验开始后不要把头伸入橱内。

化学中毒和化学灼伤的急救措施如下。

（1）眼睛灼伤或掉进异物

一旦眼内溅入化学药品，立即用大量水缓缓彻底冲洗。实验室内应备有专用洗眼水龙头。洗眼时要保持眼皮张开，可由他人帮助翻开眼睑，持续冲洗15分钟。忌用稀酸中和溅入眼内的碱性物质，反之亦然。对因溅入碱金属、溴、磷、浓酸、浓碱或其他刺激性物质的眼睛灼伤者，急救后必须迅速送往医院检查治疗。

　　玻璃屑进入眼睛内是比较危险的。这时要尽量保持平静，绝不可用手揉擦，也不要试图让别人取出碎屑，尽量不要转动眼球，可任其流泪，有时碎屑会随泪水流出。用纱布轻轻包住眼睛后，将伤者急送医院处理。

　　若系木屑、尘粒等异物，可由他人翻开眼睑，用消毒棉签轻轻取出异物，或任其流泪，待异物排出后，再滴入几滴鱼肝油。

　　(2) 皮肤灼伤

　　① 酸灼伤。皮肤上——立即用大量水冲洗，然后用 5% $NaHCO_3$ 溶液洗涤，再涂上油膏，并将伤口扎好。氢氟酸能腐烂指甲、骨头，滴在皮肤上，会形成痛苦的、难以治愈的烧伤。皮肤若被灼烧后，应先用大量水冲洗 20 分钟以上，再用冰冷的饱和硫酸镁溶液或 70% 酒精浸洗 30 分钟以上，或用大量水冲洗后，用肥皂水或 2%~5% $NaHCO_3$ 溶液冲洗，用 5% $NaHCO_3$ 溶液湿敷。局部外用可的松软膏或紫草油软膏及硫酸镁糊剂。

　　眼睛——抹去溅在眼睛外面的酸，立即用水冲洗，用洗眼杯或将橡皮管套上水龙头用慢水对准眼睛冲洗，再用稀碳酸氢钠溶液洗涤，最后滴入少许蓖麻油。

　　衣服——先用水冲洗，再用稀氨水洗，最后用水冲洗。

　　地板——先撒石灰粉，再用水冲洗。

　　② 碱灼伤。皮肤——先用水冲洗，然后用饱和硼酸溶液或 1% 醋酸溶液洗涤，再涂上油膏，并包扎好。

　　眼睛——抹去溅在眼睛外面的碱，用水冲洗，再用饱和硼酸溶液洗涤后，滴入蓖麻油。

　　衣服——先用水冲洗，然后用 10% 醋酸溶液洗涤，再用氨水中和多余的醋酸，最后用水冲洗。

　　③ 溴灼伤。应立即用酒精洗涤，涂上甘油，用力按摩，将伤处包好。被溴灼伤后的伤口一般不易愈合，必须严加防范。凡用溴时都必须预先配制好适量的 20% $Na_2S_2O_3$ 溶液备用。一旦有溴沾到皮肤上，立即用 $Na_2S_2O_3$ 溶液冲洗，再用大量水冲洗干净，包上消毒纱布后就医。

　　如眼睛受到溴的蒸气刺激，暂时不能睁开时，可对着盛有卤仿或酒精的瓶内注视片刻。

　　在受上述灼伤后，若创面起水泡，均不宜把水泡挑破。上述各种急救法，仅为暂时减轻疼痛的措施。若伤势较重，在急救之后，应速送医院诊治。

　　(3) 中毒急救

　　实验中若感觉咽喉灼痛、嘴唇脱色或发绀，胃部痉挛或恶心呕吐、心悸头痛等症状时，则可能系中毒所致。视中毒原因施以下述急救后，立即送医院治疗，不得延误。

　　① 固体或液体毒物中毒。有毒物质尚在嘴里的立即吐掉，用大量水漱口。误食碱者，先饮大量水再喝些牛奶。误食酸者，先喝水，再服 $Mg(OH)_2$ 乳剂，最后

饮些牛奶。不要用催吐药，也不要服用碳酸盐或碳酸氢盐。

重金属盐中毒者，喝一杯含有几克 $MgSO_4$ 的水溶液，立即就医。不要服催吐药，以免引起危险或使病情复杂化。

砷和汞化物中毒者，必须紧急就医。

在 "The Merck Index, 9 th Edition" p. MISG21-28 中载有各种解毒方法，必要时应查阅提供给医生，以便及时对症下药。

② 吸入气体或蒸气中毒。立即转移至室外，解开衣领和纽扣，呼吸新鲜空气。对休克者应施以人工呼吸，但不要用口对口法，立即送医院急救。

1.2.4　防割伤

在烧熔和加工玻璃物品时最容易被烫伤，在切割玻璃管或向木塞、橡皮塞中插入温度计、玻璃管等物品最容易发生割伤。

玻璃质脆易碎，对任何玻璃制品都不得用力挤压或造成张力。在将玻璃管、温度计插入塞中时，塞上的孔径与玻璃管的粗细要吻合。玻璃管的锋利切口必须在火中烧圆，管壁上用几滴水或甘油润湿后，用布包住用力部位轻轻旋入，切不可用猛力强行连接。

（1）割伤

先取出伤口处的玻璃碎屑等异物，用水洗净伤口，挤出一点血，涂上红汞水后用消毒纱布包扎。也可在洗净的伤口上贴上"创可贴"，可立即止血，且易愈合。

若严重割伤大量出血时，应先止血，让伤者平卧，抬高出血部位，压住附近动脉，或用绷带盖住伤口直接施压，若绷带被血浸透，不要换掉，再盖上一块施压，立即送医院治疗。

（2）烫伤

一旦被火焰、蒸汽、红热的玻璃、铁器等烫伤时，立即将伤处用大量水冲淋或浸泡，以迅速降温避免深度烧伤。若起水泡不宜挑破，用纱布包扎后送医院治疗。对轻微烫伤，可在伤处涂些鱼肝油或烫伤油膏或万花油后包扎。

1.2.5　用电安全

进入实验室后，首先应了解水、电、气的位置，而且要掌握它们的使用方法。在实验中，应先将电器设备上的插头与插座连接好，再打开电源开关。不能用湿手或手握湿物去插或拔插头。使用电器前应检查线路连接是否正确，电器内外要保持干燥，不能有水或其他溶剂。实验做完后，应先关掉电源，再拔去插头。

1.3　有机化学实验预习、记录和实验报告

有机化学实验是一门综合性较强的理论联系实际的课程，也是一门跨学科的基础实验课，其设置的目的主要是：使学生掌握有机化学实验的一些基本操作技能，

学会一些重要有机化合物的制备、分离、提纯和鉴定方法。通过实验获得必要的感性认识，验证和巩固所学的有机化学知识。培养理论联系实际的工作之风，严谨的科学态度，良好的实验习惯以及分析问题和解决问题的能力。通过实验使学生掌握有机实验的基本操作技能，培养学生独立操作的能力，使学生具有观察和记录实验现象、处理数据、描绘装置图、撰写实验报告的能力。

1.3.1　实验预习

实验预习包括以下内容。

（1）实验目的：写出本次实验要达到的目的。

（2）反应及操作原理：用反应式写出主反应及副反应，写出反应机理，简单叙述操作原理。

（3）按实验报告要求填写主要试剂及产物的物理和化学性质。

（4）主要试剂用量及规格。

（5）画出主要反应装置图，并标明仪器名称。

（6）画出反应及产品纯化过程流程图。

（7）写出操作步骤。

（8）计算理论产量。

1.3.2　实验记录

实验记录是科学研究的第一手资料，实验记录的好坏直接影响对实验结果的分析。因此，学会做好实验记录也是培养学生科学作风及实事求是精神的一个重要环节。

作为一位科学工作者，必须对实验的全过程进行仔细观察。如反应液颜色的变化，有无沉淀及气体出现，固体的溶解情况以及加热温度和加热后反应的变化等等，都应认真记录。同时还应记录加入原料的颜色和加入的量、产品的颜色和产品的量、产品的熔点或沸点等理化数据。记录时要与操作步骤一一对应，内容要简明扼要、条理清楚。记录直接写到报告上，不要随便记在一张纸上，课后抄在报告上。

1.3.3　实验报告

实验报告是将实验操作、实验现象及所得各种数据综合归纳、分析提高的过程，是把直接的感性认识提高到理性认识的必要步骤，也是向导师报告、与他人交流及储存备查的手段。实验报告是将实验记录整理而成的，不同类型的实验有不同的格式。一般包括以下内容。

（1）对实验现象逐一做出正确解释，能用反应式表示的尽量用反应式表示。

（2）计算产率。在计算理论产量时应注意：有多种原料参加反应时，以物质的量最小的那种原料的量为标准；不能用催化剂或引发剂的量计算；有异构体存在时，以各种异构体理论产量之和进行计算，实际产量也是异构体实际产量之和。计算公式为：

$$产率＝实际产量/理论产量×100\%$$

（3）填写物理常数测试表。分别填写产物的文献值和实测值，并注明测试条件，如温度、压力等。

（4）对实验进行讨论与总结。对实验结果和产品进行分析；写出做实验的体会；分析实验中出现的问题和解决的方法；对实验提出建设性的建议。通过讨论总结提高和巩固实验中所学习的理论知识和实验技术。

一份完整的实验报告可以充分体现学生对实验理解的深度、综合解决问题的能力及文字表达的能力。

现以乙酸乙酯（醋酸乙酯）的合成为例，格式如下。

乙酸乙酯的合成

一、实验目的

1. 学习乙酸乙酯的制备方法；

2. 了解酯化反应的原理；

3. 掌握常压蒸馏、分液漏斗及滴液漏斗的使用、干燥及干燥剂的使用等操作技术。

二、实验原理

制备酯类物质最常用的方法是由羧酸和醇直接酯化来合成。酯化反应是一个可逆反应，而且在室温下反应速率很慢。加热、加酸作催化剂，可使酯化反应速率大大加快。同时为了使平衡向生成物方向移动，可以采用增加反应物羧酸或醇的量，并使反应中生成的水或酯及时蒸出。

浓硫酸催化下，乙酸和乙醇生成乙酸乙酯。

$$H_3C-\overset{O}{\overset{\|}{C}}-OH + CH_3CH_2OH \underset{120\sim125℃}{\overset{H_2SO_4}{\rightleftharpoons}} H_3C-\overset{O}{\overset{\|}{C}}-OCH_2CH_3 + H_2O$$

副反应：

$$2CH_3CH_2OH \xrightarrow[140\sim150℃]{H_2SO_4} CH_3CH_2OCH_2CH_3 + H_2O$$

$$CH_3CH_2OH \xrightarrow{H_2SO_4} H_2C=CH_2 + H_2O$$

为了提高酯的产量，本实验采取加入过量乙醇及不断把反应生成的酯和水蒸出的方法。在工业生产中，一般采用加入过量的乙酸，以便使乙醇转化完全，避免由于乙醇和水及乙酸乙酯形成二元或三元恒沸物给分离带来困难。

三、主要试剂及产物物理常数

名称	分子量	性状	折射率	密度/(g/cm³)	熔点/℃	沸点/℃	溶解度:溶剂		
							水	醇	醚
冰醋酸	60.05	无色液体		1.0492	16.6	117.9	溶	溶	溶
乙醇	46	无色液体	1.3651	0.79	−114	78.3	混溶		混溶
乙酸乙酯	88.11	无色液体	1.3724	0.9006	−83.8	77.1	微溶	溶	溶

四、主要试剂用量及规格

试剂：冰醋酸 3g（2.8mL、0.05mol），95% 乙醇 3.9g（5mL、0.079mol），浓硫酸，饱和碳酸钠溶液，饱和食盐水，饱和氯化钠溶液，无水硫酸镁。

仪器：圆底烧瓶（三口烧瓶），H 型分馏头，锥形瓶，分液漏斗，量筒，蒸发皿等。

五、仪器装置

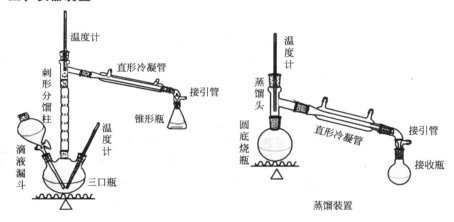

蒸馏装置

六、实验步骤及现象

（1）安装仪器：按图安装好仪器。

（2）加料：在烧瓶中加入 5mL 乙醇和 3.8mL 冰醋酸，然后在振摇下慢慢加入 1mL 浓硫酸，加入沸石（浓硫酸除了催化作用外，还能吸收反应生成的水）。

（3）制备：通冷凝水，用油浴加热烧瓶，保持油浴温度在 140℃ 左右，这时反应混合物的温度为 120℃ 左右。回流时间约需 20～30min，待反应物冷却后取下冷凝管，装上微型蒸馏头，按图装好蒸馏装置，水浴加热蒸馏，馏出液体积约为反应物总体积的 2/3。

（4）纯化：将饱和碳酸钠溶液很缓慢地加入馏出液中，直到无二氧化碳逸出为止，饱和碳酸钠溶液要少量分批加入，并要不断地摇动接收器（有大量二氧化碳气体逸出）。用石蕊试纸检验酯层，若酯层仍显酸性，还需加入碳酸钠溶液，直至酯层不显酸性为止。把混合液倒入分液漏斗中，静置，放出下面的水层。酯层用 3mL 饱和食盐水洗涤，分净后，再用 3mL 饱和氯化钙溶液洗涤两次，放出下层废液，从分液漏斗上口将乙酸乙酯倒入干燥的小锥形瓶内，加入无水碳酸镁干燥，放置约 20min，在此期间要间歇振荡锥形瓶（有透明的油状液体浮在液面）。

通过长颈漏斗（漏斗上放折叠式滤纸）把干燥的粗乙酸乙酯滤入烧瓶中，装配蒸馏装置，在水浴上加热蒸馏，收集 73～78℃的馏分。

（5）产品分析：产量约为 3g，产品纯度可测定折射率或用气相色谱检查。

纯乙酸乙酯是具有果香味的无色液体，沸点 77.1℃，$d_4^{20} = 0.9006$，$n_D^{20} = 1.3724$。

七、产率计算

$$产率＝实际产量/理论产量×100\%$$

八、注意事项

（1）温度计必须插入反应混合液中。

（2）加浓硫酸时，必须慢慢加入并充分振荡烧瓶，使其与乙醇均匀混合，以免在加热时因局部酸过浓引起有机物炭化等副反应。

（3）温度不宜过高，否则会增加副产物乙醚的含量。

（4）碳酸钠必须洗去，否则下一步用饱和氯化钙溶液洗去醇时，会产生絮状的碳酸钙沉淀，造成分离困难，为减少酯在水中的溶解度（每 17 份水溶解 1 份乙酸乙酯），这里用饱和食盐水洗。

（5）由于水与乙醇、乙酸乙酯形成二元或三元恒沸物，故在未干燥前已是清亮透明溶液，因此，不能以产品是否透明作为是否干燥好的标准，应以干燥剂加入后吸水情况而定，并放置 30min，其间要不时摇动。若洗涤不净或干燥不够时，会使沸点降低，影响产率。本实验酯的干燥用无水碳酸镁，通常至少干燥半小时以上，最好放置过夜。但在本实验中，为了节省时间，可放置 20min 左右。由于干燥不完全，可能前馏分多些。

九、实验讨论（包括①对实验现象、结果等讨论；②解答思考题；③体会建议等）

1. 在酯化反应中，加入浓硫酸有哪些作用？

答：催化剂，促进反应；吸水剂，吸收反应生成的水。

2. 用饱和碳酸钠溶液洗涤的作用是什么？

答：中和蒸发过去的乙酸；溶解蒸发过去的乙醇；减小乙酸乙酯的溶解度。

备注：

除性质实验、合成实验之外，还有分离纯化实验、常数测定实验、天然产物提取实验、对映异构体拆分实验等，其实验报告的格式可以参照合成实验报告的格式填写。但凡是没有化学反应的实验（例如天然产物提取实验），可将"反应式"一栏改为"实验原理"；凡是没有产率可以计算的实验（例如熔点测定实验），则将"产率计算"一栏删去。

无论是何种格式的实验报告，填写的共同要求是：

（1）条理清楚。

（2）详略得当，陈述清楚，又不烦琐。

（3）语言准确。除讨论栏外尽可能不使用"如果"、"可能"等模棱两可的字词。

（4）数据完整。重要的操作步骤、现象和实验数据不能漏掉。

（5）实验装置图应避免概念性错误。

（6）讨论栏可写实验体会、成功经验、失败教训、改进的设想等。

（7）真实。无论装置图或操作规程，如果自己使用的或做的与书上不同，按实际操作的程序记载，不要照搬书上的，更不可伪造实验现象和数据。

1.4　有机化学实验常用仪器和设备

了解实验所用仪器及设备的性能、正确使用方法和如何保养，是对每一个实验者最根本的要求。

1.4.1　玻璃仪器

有机实验玻璃仪器按其口塞是否标准及磨口，分为标准磨口仪器及普通仪器两类。标准磨口仪器由于可以相互连接，使用时既省时、方便，又严密安全，它将逐渐代替同类普通仪器。

（1）普通仪器

使用玻璃仪器皆应轻拿轻放。容易滑动的仪器（如圆底烧瓶）不要重叠放置，以免打破。除试管、烧杯等少数玻璃仪器外，一般都不能直接用火加热。锥形瓶不耐压，不能作减压用。厚壁玻璃器皿（如抽滤瓶）不耐热，故不能加热。广口容器（如烧杯）不能储放易挥发的有机溶剂。带活塞的玻璃器皿用过洗净后，在活塞与磨口间应垫上纸片，以防粘住。如已粘住，可在磨口四周涂上润滑剂或有机溶剂后用电吹风吹热风，或用水煮后再用木块轻敲塞子，使之松开。

此外，不能用温度计作搅拌棒用，也不能用来测量超过刻度范围的温度。温度计用后要缓慢冷却，不可立即用冷水冲洗以免炸裂。

（2）标准磨口玻璃仪器

在有机化学实验中，特别是在科研上常用到标准磨口玻璃仪器，图 1-3 为一些常用的标准磨口玻璃仪器。标准磨口仪器全部为硬质材料制造。配件比较复杂，品种类型以及规格较多，编号有 10、14、19、24、29 等多种，数字是指磨口最大外径（毫米计）。凡属同类型编号规格的接口均可任意互换，由于口塞的标准化、通用化，可按需要选配和组装各种型式的配套仪器。有的磨口玻璃仪器用两个数字表示，例如：10/30 分别表示磨口最大外径为 10mm，磨口长度为 30mm。当编号不同而无法连接时，可通过不同编号的磨口接头连接起来。

使用标准口玻璃仪器时要注意：①磨口必须清洁无杂物。若粘有固体杂物，会使磨口对接不严密导致漏气。若有硬质杂物，更会损坏磨口。②用后应拆卸洗净。否则，磨口对接处常会粘牢，难以拆卸。③一般用途的磨口无需涂润滑剂，以免沾污反应物或产物。若反应中有强碱，则应涂润滑剂，以免磨口连接处因碱腐蚀粘牢而无法拆开。减压蒸馏时，磨口应涂真空脂，以免漏气。④安装标准磨口玻璃仪器装置时，应注意安装的正确、整齐、稳妥，使磨口连接处不受歪斜的应力，否则易将仪器折断，特别在加热时，仪器受热，应力更大。

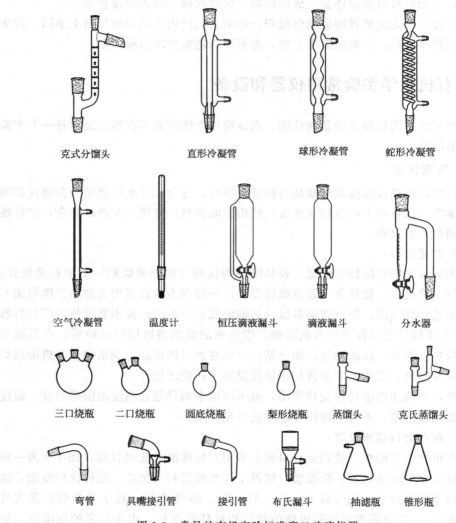

| 克式分馏头 | 直形冷凝管 | 球形冷凝管 | 蛇形冷凝管 |

| 空气冷凝管 | 温度计 | 恒压滴液漏斗 | 滴液漏斗 | 分水器 |

| 三口烧瓶 | 二口烧瓶 | 圆底烧瓶 | 梨形烧瓶 | 蒸馏头 | 克氏蒸馏头 |

| 弯管 | 具嘴接引管 | 接引管 | 布氏漏斗 | 抽滤瓶 | 锥形瓶 |

图 1-3 常见的有机实验标准磨口玻璃仪器

1.4.2 金属用具

有机实验中常用的金属用具有：铁架，铁夹，铁圈，三脚架，水浴锅，镊子，剪刀，三角锉刀，圆锉刀，压塞机，打孔器，水蒸气发生器，煤气灯，不锈钢刮刀，升降台等。这些仪器应放在实验室规定的地方，要保持这些仪器的清洁，经常在活动部分加上一些润滑剂，以保证活动灵活不生锈。

1.4.3　电动仪器及小型机电设备

（1）电吹风

实验室中使用的电吹风应可吹冷风和热风，供干燥玻璃仪器之用，宜放干燥处，防潮、防腐蚀。

（2）电加热套（或叫电热帽）

它是玻璃纤维包裹着电热丝织成帽状的加热器，加热和蒸馏易燃有机物时，由于它不是明火，因此具有不易引起着火的优点，热效率也高。加热温度用调压变压器控制，最高温度可达 400℃ 左右，是有机实验中一种简便、安全的加热装置。电热套的容积一般与烧瓶的容积相匹配，从 50mL 起，各种规格均有。电热套主要用作回流加热的热源。用它进行蒸馏或减压蒸馏时，随着蒸馏的进行，瓶内物质逐渐减少，这时使用电热套加热，就会使瓶壁过热，造成蒸馏物被烤焦的现象。若选用大一号的电热套，在蒸馏过程中，不断降低垫电热套的升降台的高度，就会减少烤焦现象。

（3）旋转蒸发仪

旋转蒸发仪（见图 1-4）由电动机带动可旋转的蒸发器（圆底烧瓶）、冷凝器和接收器组成，可在常压或减压下操作，可一次进料，也可分批吸入蒸发料液。由于蒸发器的不断旋转，可免加沸石而不会暴沸。蒸发器旋转时，会使料液的蒸发面大大增加，加快了蒸发速度。因此，它是浓缩溶液、回收溶剂的理想装置。

图 1-4　旋转蒸发仪

（4）调压变压器

调压变压器是调节电源电压的一种装置，常用来调节加热电炉的温度，调整电动搅拌器的转速等。使用时应注意以下几点。

① 电源应接到注明为输入端的接线柱上，输出端的接线柱与搅拌器或电炉等的导线连接，切勿接错，同时变压器应有良好的接地。

② 调节旋钮时应当均匀缓慢，防止因剧烈摩擦而引起火花及碳刷接触点受损。如碳刷磨损较大时应予更换。

③ 不允许长期过载，以防止烧毁或缩短使用期限。

④ 碳刷及绕线组接触表面应保持清洁，经常用软布抹去灰尘。

⑤ 使用完毕后应将旋钮调回零位，并切断电源，放在干燥通风处，不得靠近有腐蚀性的物体。

（5）电动搅拌器

电动搅拌器（或小马达连调压变压器，见图 1-5）在有机实验中作搅拌用。一般适用于油水等溶液或固-液反应中，不适用于过黏的胶状溶液。若超负荷使用，很易发热而烧毁。使用时必须接上地线。平时应注意经常保持清洁干燥，防潮防腐蚀。轴承应经常加油，保持润滑。

（6）磁力搅拌器

由一根以玻璃或塑料密封的软铁（叫磁棒）和一个可旋转的磁铁组成（见图1-6）。将磁棒投入盛有欲搅拌的反应物容器中，将容器置于内有旋转磁场的搅拌器托盘上，接通电源，由于内部磁铁旋转，使磁场发生变化，容器内磁棒亦随之旋转，达到搅拌的目的。一般的磁力搅拌器（如79-1型磁力搅拌器）都有控制磁铁转速的旋钮及可控制温度的加热装置。

图1-5　电动搅拌器　　　　　　　　　　　图1-6　磁力搅拌器

（7）烘箱

烘箱用以干燥玻璃仪器或烘干无腐蚀性、加热时不分解的物品。挥发性易燃物或刚用酒精、丙酮淋洗过的玻璃仪器切勿放入烘箱内，以免发生爆炸。

烘箱使用说明：接上电源后，即可开启加热开关，再将控温旋钮由"0"位顺时针旋至一定程度（视烘箱型号而定），此时烘箱内即开始升温，红色指示灯发亮。若有鼓风机，可开启鼓风机开关，使鼓风机工作。当温度计升至工作温度时（由烘箱顶上温度计读数观察得知），即将控温器旋钮按逆时针方向缓慢旋回，旋至指示灯刚熄灭。在指示灯明灭交替处即为恒温定点。一般干燥玻璃仪器时应先沥干，无水滴下时才放入烘箱，升温加热，将温度控制在 $100\sim120℃$。实验室中的烘箱是公用仪器，往烘箱里放玻璃仪器时应自上而下依次放入，以免残留的水滴流下使下层已烘热的玻璃仪器炸裂。取出烘干后的仪器时，应用干布衬手，防止烫伤。取出后不能碰水，以防炸裂。取出后的热玻璃器皿，若任其自行冷却，则器壁常会凝上水汽。可用电吹风吹入冷风助其冷却，以减少壁上凝聚的水汽。

1.4.4　其他仪器设备

（1）电子天平和电子台秤（见图1-7和图1-8）

图 1-7　电子天平　　　　　　　　图 1-8　电子台秤

电子天平和电子台秤是微量实验中经常使用的称量设备。

Acculab 电子台秤是一种比较常用的称量仪器，其设计精良，可靠耐用。它采用前面板控制，具有简单易懂的菜单，可自动关机。电源可以采用 9V 电池或随机提供的适配器。

使用方法如下。

① 开机。按下"ON/OFF"键开机，再按"MODE/CAL"键选择称量精度范围，电子台秤的精度范围选择"0.0g"，电子天平自动显示精度范围为"0.0000g"。

② 关机。按"ON/OFF"直至显示屏指示"OFF"，然后松开此键实现关机。

③ 称量。天平称量单位：克（g），在使用电子台秤/天平称量之前，先使用"ZEOR/C"调至零点。在天平的称量盘上添加需要称量的样品，从显示屏上读数。

④ 去皮。在称量容器内的样品时，可通过去皮功能或放上称量容器内的样品以后按下"ZEOR/C"键，电子台秤/天平自动显示至零点，此时，再加入所要称量的物品，称量盘上显示的质量已是所要称量的物品，天平即显示出净质量。

电子天平是一种比较精密的仪器，因此，使用时应注意维护和保养：

① 天平应该放在清洁、稳定的环境中，以保证测量的准确性。勿放在通风、有磁场或产生磁场的设备附近，勿在温度变化大、有振动或存在腐蚀性气体的环境中使用。

② 请保持机壳和称量台的清洁，以保证天平的准确性，可用蘸有柔性洗涤剂的湿布擦洗。

③ 将校准砝码存放在安全干燥的场所，在不使用时拔掉交流适配器，长时间不使用请取出电池。

④ 使用时，请不要超过天平的最大量程。

（2）钢瓶

又称高压气瓶，是一种在加压下储存或运送气体的容器，通常有铸钢、低合金钢等。氢气、氧气、氮气、空气等在钢瓶中呈压缩气状态，二氧化碳、氨、氯、石油气等在钢瓶中呈液化状态。乙炔钢瓶内装有多孔性物质（如木屑、活性炭等）和丙酮，乙炔气体在压力下溶于其中。为了防止各种钢瓶混用，全国统一规定了瓶身、横条以及标字的颜色，以此区别。现将常用的几种钢瓶的标色摘录于表 1-2 中。

表 1-2　常用几种钢瓶的标色

气体类别	瓶身颜色	横条颜色	标字颜色
氮	黑	棕	黄
空气	黑		白
二氧化碳	黑		黄
氧	天蓝		黑
氢	深绿	红	红
氯	草绿	白	白
氨	黄		黑
其他一切可燃气体	红		
其他一切不可燃气体	黑		

使用钢瓶时应注意以下事项。

① 钢瓶应放置在阴凉、干燥、远离热源的地方，避免日光直晒。氢气钢瓶应放在与实验室隔开的气瓶房内。实验室中应尽量少放钢瓶。

② 搬运钢瓶时要旋上瓶帽，套上橡皮圈，轻拿轻放，防止摔碰或剧烈振动。

③ 使用钢瓶时，如直立放置应有支架或用铁丝绑住，以免摔倒；如水平放置应垫稳，防止滚动，还应防止油和其他有机物沾污钢瓶。

④ 钢瓶使用时要用减压表，一般可燃性气体（氢、乙炔等）钢瓶气门螺纹是反向的，不燃或助燃性气体（氮、氧等）钢瓶气门螺纹是正向的。各种减压表不得混用。开启气门时应站在减压表的另一侧，以防减压表脱出被击伤。

⑤ 钢瓶中的气体不可用完，应留有 0.5% 表压以上的气体，以防止重新灌气时发生危险。

⑥ 用可燃性气体时一定要有防止回火的装置（有的减压表带有此种装置）。在导管中塞细铜丝网，管路中加液封可以起保护作用。

⑦ 钢瓶应定期试压检验（一般钢瓶三年检验一次）。逾期未经检验或锈蚀严重时，不得使用，漏气的钢瓶不得使用。

（3）减压表

减压表由指示钢瓶压力的总压力表、控制压力的减压阀和减压后的分压力表三部分组成。使用时应注意，把减压表与钢瓶连接好（勿猛拧！）后，将减压表的调压阀旋到最松位置（即关闭状态）。然后打开钢瓶总气阀门，总压力表即显示瓶内气体总压。检查各接头（用肥皂水）不漏气后，方可缓慢旋紧调压阀门，使气体缓缓送入系统。使用完毕时，应首先关紧钢瓶总阀门，排空系统的气体，待总压力表与分压力表均指到"0"时，再旋松调压阀门。如钢瓶与减压表连接部分漏气，应加垫圈使之密封，切不能用麻丝等物堵漏，特别是氧气钢瓶及减压表绝对不能涂油，应特别注意。

（4）循环水多用真空泵

循环水多用真空泵（见图 1-9）是以水作为流体，利用射流产生负压的原理而设计的一种新型多用真空泵，广泛用于蒸发、蒸馏、结晶、过滤、减压、升华等操作中。由于水可以循环使用，避免了直排水的现象，节水效果明显。因此，是实验室理想的减压设备。水泵一般用于对真空度要求不高的减压体系中。图 1-9 为立式循环水多用真空泵的外观示意图。

图 1-9　立式循环水
多用真空泵

使用时应注意：

① 真空泵抽气口最好接一个缓冲瓶，以免停泵时，水被倒吸入反应瓶，使实验失败。

② 开泵前，检查是否与体系连接好，然后打开缓冲瓶上的旋塞。开泵后，用旋塞调至所需要的真空度。关泵时，先打开缓冲瓶上的旋塞，拆掉与体系的接口，再关泵。切忌相反操作。

③ 应经常补充和更换水泵中的水，以保持水泵的清洁和真空度。

1.4.5　有机实验常用装置

在有机化学实验中，安装好实验装置是做好实验的基本保证。反应装置一般根据实验要求组合。常用反应装置有回流装置、带有搅拌及回流的反应装置、带有气体吸收的装置、水蒸气蒸馏装置等。

（1）微型回流

用微型仪器组成的微型回流装置如图 1-10 所示，瓶的容积为 5mL 或 10mL，可回流的液体为 1～3mL 或 3～6mL。如果液体的沸点较高，可采用微型空气冷凝管。如果需要防止空气中水汽的浸入，也可在冷凝管口加置干燥管[见图 1-10

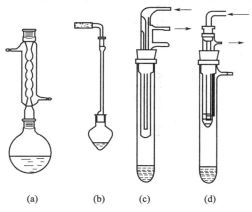

(a)　　　(b)　　　(c)　　　(d)

图 1-10　微型回流装置

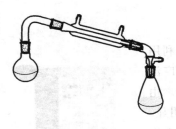

图 1-11　微型简单蒸馏装置

(b)]。这类装置的操作方法与常规回流相同。

冷凝指回流真空冷指[见图 1-10(c)]与磨口试管或磨口离心管可组成冷凝指回流装置。在无真空冷凝指的情况下可用大、小两个具支试管组成简易的微型回流装置[见图 1-10(d)]。这类装置可处理的液体量为 0.5～2mL。由于冷凝指的冷凝效果不如冷凝管，故需十分注意加热强度，勿使回流的蒸气逸出。

（2）微型简单蒸馏

由微型仪器组成的微型简单蒸馏装置如图 1-11 所示，其组装和操作方法与常规方法相同，只是需更仔细地控制加热强度。该装置可蒸馏的液体为 2～6 mL。

（3）由微型蒸馏头组成的简单蒸馏装置

原始的 Hickman 蒸馏头在我国经改进后，称为微型蒸馏头。由它与其他仪器配合组成的微型蒸馏装置如图 1-12（a）～（e）所示。其中（a）为最基本的装置，被蒸馏液体在蒸馏瓶中受热气化，气雾升入蒸馏头的锥状腹腔，体积膨胀并受到大

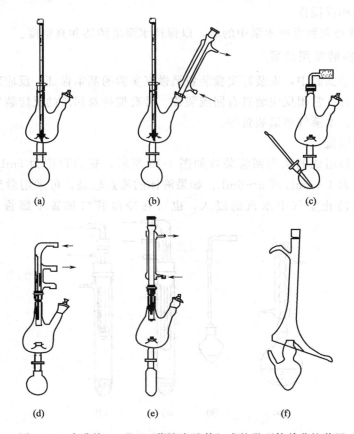

图 1-12　改进的 Hickman 蒸馏头及其组成的微型简单蒸馏装置

面积冷却，冷凝下来的液体顺内壁流入承接阱（即锥腔下部的环状凹槽）。温度计吊挂在直口中，其高度应使水银泡的上沿与气雾升腾管的上口平齐。承接阱的容积约为 4mL，因而可蒸馏的液体体积应小于 4mL，通常用来蒸馏约 1mL 左右的液体。蒸馏结束，将装置向侧口方向稍稍倾斜，用长颈滴管插进侧口吸出馏出液。在需要收集几个不同馏分的情况下，可使浴温缓缓上升，当低沸点馏分蒸完后会有短暂的"温度下降"和"回流停止"，此时应停止加热，吸出馏分，再重新蒸馏下一个馏分。但最好是以备用的另一个蒸馏头代替原来的蒸馏头，以避免不同馏分相互沾染。如果液体沸点较低，不易冷凝，可加接冷凝管[见图 1-12(b)、(e)]或冷凝指[见图 1-12(d)]；如果需要保持液体干燥，也可加置干燥管，如图 1-12（c）所示。国产微型蒸馏头为标准 10# 磨口，虽也有配套的温度计套管，但有的温度计太粗，插不进套管中去，目前也没有相应的微型橡皮塞，所以温度计是吊置的。在温度计与管口内壁之间有空隙，不会形成密闭系统。如需将温度计固定安装，可剪取一小段橡皮管套在温度计上，如图 1-12（b）所示的样子，可起一般密封作用，但不可用于减压蒸馏。当不插温度计时，只能通过浴温粗略判断蒸气温度。浴温一般比内部温度高 5～20℃。

　　图 1-12（f）所示是国外采用的一种改进型的 Hickman 蒸馏头，可用于连续蒸馏而不必在中途停止加热。

　　（4）由 H 型蒸（分）馏头组成的简单蒸馏装置

　　当图 1-13 所示装置的柱中无填料时，可作微型的简单蒸馏装置使用。这种装置可以连续操作，不需中途停顿，同时也可以较准确地测定各馏分的沸程。在需要更换接收瓶时可暂时关闭活塞，以防馏出液洒出。

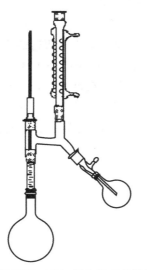

图 1-13　由 H 型蒸（分）馏头组成的简单蒸馏装置

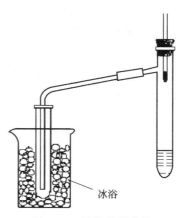

图 1-14　简易微型蒸馏

（5）简易的微型蒸馏装置

如果没有专门的微型实验仪器，可用具支试管按照图 1-14 的样子构成简易的蒸馏装置。这种装置的关键是接收器应置于冰浴中，蒸气导入管应尽可能向下插，但不可没入接收液中。

1.4.6 仪器的选择

有机化学实验的反应装置是由一件件玻璃仪器组装而成的，实验中应根据要求选择合适的仪器。一般选择仪器的原则如下。

（1）烧瓶的选择

根据液体的体积而定，一般液体的体积占容器体积的 $1/3 \sim 1/2$，也就是说烧瓶容积的大小应是液体体积的 1.5 倍。进行水蒸气蒸馏和减压蒸馏时，液体体积不应超过烧瓶容积的 $1/3$。

（2）冷凝管的选择

一般情况下回流用球形冷凝管，蒸馏用直形冷凝管。但是当蒸馏温度超过 140℃时应改用空气冷凝管，以防温差较大时，由于仪器受热不均匀而造成冷凝管断裂。

（3）温度计的选择

实验室一般备有 150℃和 300℃两种温度计，根据所测温度选择不同的温度计。一般选用的温度计要高于被测温度 $10 \sim 20$℃。

1.4.7 仪器的装配与拆卸

仪器装配的正确与否，对于实验的成败有很大的关系。

首先，在装配一套装置时，所选用的玻璃仪器和配件都要干净，否则，往往会影响产物的产量和质量。其次，所选用的器材要恰当。例如，在需要加热的实验中，如需选用圆底烧瓶时，应选用坚固的，其容积大小应使所盛的反应物占其容积的 $1/2$ 左右，最多也不超过 $2/3$。第三，装配时，应首先选好主要仪器的位置，按照一定的顺序逐个装配起来，先下后上，从左到右。在拆卸时，按相反的顺序逐个地拆卸。仪器装配要求做到严密、正确、整齐和稳妥。在常压下进行反应的装置，应与大气相通，不能密闭。铁夹的双钳应贴有橡皮或绒布，或缠上石棉绳、布条等，否则容易将仪器夹坏。

第2章　有机化学实验基本技能和基本操作

2.1　化学文献检索简介

化学文献是化学领域中科学研究、生产实践等的记录和总结。通过文献检索可以了解到某个课题的历史情况及目前国内外水平和发展动态，可以避免重复劳动，节省经费，使自己的成果建立在最新成果的基础上。查阅化学文献是科学研究的一个重要组成部分，是每个化学工作者应具备的基本功之一。学会查阅化学文献，对提高学生分析问题和解决问题的能力，更好地完成有机化学实验这门课程也是非常必要的。特别是在设计性和研究性实验中，要不断了解、掌握、运用和发现有关的新知识。因此，在进行有机化学实验时，有必要经常查阅有关的手册和文献，特别是有机化学文献。

有机化学文献资料非常多，本书主要就工具书、期刊杂志、化学文摘和网上资料四个方面简单介绍一些常用的有机化学资料和查阅方法，如果需要了解详细的文献查阅知识，可参考有关专门的文献书籍。

2.1.1　工具书和参考书

（1）化工辞典（第四版）

这是一本综合性化工工具书，共收集了化学化工名词 16000 余条，列出了无机和有机化合物的分子式、结构式、基本物理化学性质（如密度、熔点、沸点、冰点等）及有关数据，并附有简要制法及主要用途。

（2）化学化工药学大辞典

这是一本关于化学、医药及化工方面较新、较全的工具书。该书取材于多种百科全书，收录近万个化学、医药及化工等常用物质，采用英文名称按序排列方式。每一名词各自成一独立单元，其内容包括组成、结构、制法、性质、用途（含药效）及参考文献等。本书取材新颖，叙述详细。书末附有 600 多个有机人名反应。

（3）Handbook of Chemistry and Physics

这是一本英文的化学和物理手册，于 1913 年出版第一版，2006 年已经出版到第 87 版。内容分为 6 个方面：数学用表；元素和无机化合物；有机化合物；普通化学；普通物理常数和其他。书中第三部分收录了 1.5 万多条有机化合物的物理常数，同时给出了在 Beilstein 中的相关数据。编排是按照有机化合物的英文名字母顺序排列，其分子式索引（Formula Index of Organic Compounds）按碳、氢、氧的数目排列。

（4）The Merk Index

该书的性质类似于化工辞典，但较详细，主要是有机化合物和药物。它收集了一万余种化合物的性质、制法和用途，4500 多个结构式及 42000 条化学产品和药物的命名。化合物按名称字母的顺序排列，冠有流水号，依次列出 1972～1976 年汇集的化学文摘名称以及可供选用的化学名称、药物编码、商品名、化学式、相对分子质量、文献、结构式、物理数据、标题化合物的衍生物的普通名称和商品名。在 Organic Name Reactions 部分中，对在国外文献资料中以人名来命名的反应做了简单的介绍。一般是用方程式来表明反应的原料和产物及主要反应条件，并指出最初发表论文的著作者和出处，同时将有关这个反应的综述性文献资料的出处一并列出，便于进一步查阅。此外，还专门有一节谈到中毒的急救；并以表格形式列出了许多化学工作者经常使用的有关数学、物理常数和数据、单位的换算等。卷末有分子式和主题索引。

（5）Handburch der Organischen Chemie（Beilstein）

这套贝尔斯坦有机化学大全内容非常全面，它收录了原始文献中已报道的有机化合物的结构、制备、性质等数据和信息，内容准确、引文全面、信息量大，是有机化学权威性的工具书。目前，已收录了 100 多万个有机化合物，均按化合物官能团的种类排列，一个化合物在各编中卷号位置不变，利于检索，也可根据分子式索引或主题索引进行查找。

（6）Lange's Handbook of Chemistry

本书为综合性化学手册，包括了综合数据与换算表、化学各学科、光谱学和热力学性质，共十一部分。第一部分是 4300 多种有机化合物的条目，内容包括命名、分子量、结构式、沸点、闪点、折射率、熔点、在水中和常见溶剂中的溶解性等数据及 Beilstein 等文献。较复杂的化合物给出了结构式，并注出化合物的核磁共振和红外光谱图的出处。本书已翻译为中文，名为《兰氏化学手册》。

（7）The Sadtler Standard Spectra（Sadtler 标准光谱）

本书是由美国宾夕法尼亚州 Sadtler 研究实验室编辑的一套光谱资料，收集了大量光谱图。至 1996 年已经收入了标准棱镜红外光谱 9.1 万张（V.1～123）、光栅红外光谱图 9.1 万张（V.1～123）、紫外光谱 4.814 万张（V.1～170）、^{1}H NMR6.4 万张（V.1～118）、300Hz 高分辨^{1}H NMR 1.2 万张（V.1～24）、^{13}C NMR 4.2 万张及荧光光谱等数据，其中的^{1}H NMR 和^{13}C NMR 谱图集对共振信号给予归属指认，是一部相当完备的光谱文献。

（8）Vogel's Textbook of Practical Organic Chemistry

这是一本较经典的有机化学实验教科书，对一些典型的基本操作、各类化合物的制备法、定性分析等作了详细的介绍。

（9）有机化学实验技术，科学出版社，1978

本书分四个部分：实验室基础知识；有机化合物的分离和提纯；物理性质的测

定和应用；催化氢化实验技术。书末附有一些常用的数据表。本书对有机化学所用的实验技术叙述比较详尽。

2.1.2　期刊杂志

目前世界各国出版的有关化学的期刊杂志有近万种，直接的原始性化学杂志也有上千种，在这里将介绍与有机化学有关的主要中文和英文杂志。

（1）中文杂志

《中国科学》：月刊，本期刊英文名 Scientia Sinica。于 1951 年创刊（1951—1966；1973—）。原为英文版，自 1972 年开始出中文和英文两种文字版本。刊登我国各个自然科学领域中有水平的研究成果。中国科学分为 A、B 两辑，B 辑主要包括化学、生命科学、地学方面的学术论文。

《科学通报》：半月刊（1950 年创刊），它是自然科学综合性学术刊物，有中、外文两种版本。

《化学学报》：月刊（1933—），原名中国化学会会志。主要刊登化学方面有创造性的、高水平的和重要意义的学术论文。

《高等学校化学学报》：月刊（1980—），它是化学学科综合性学术期刊。除重点报道我国高校师生创造性的研究成果外，还反映我国化学学科其他各方面研究人员的最新研究成果。

《有机化学》：双月刊（1981—），刊登有机化学方面的重要研究成果等。

《化学通报》：月刊（1952—1966，1973—），以报道知识介绍、专论、教学经验交流等为主，也有研究工作报道。

《Chinese Chemical Letters》：月刊（1990—），刊登化学学科各领域重要研究成果的简报。

（2）英文杂志

《Journal of the American Chemical Society》简称为 J. Am. Chem. Soc.

这本美国化学会会志是自 1879 年开始的综合性双周期刊。主要刊载研究工作的论文，内容涉及无机化学、有机化学、生物化学、物理化学、高分子化学等领域，并有书刊介绍。每卷末有作者索引和主题索引。

《Journal of Chemical Society》简称为 J. Chem. Soc. 或 Soc.（1841—）

本刊为英国化学会会志，月刊，于 1962 年起取消了卷号，按公元纪元编排。本刊为综合性化学期刊，有研究论文，包括无机化学、有机化学、生物化学、物理化学。全年末期有主题索引及作者索引。从 1970 年起分四辑出版，均以公元纪元编排，不另设卷号。

《Journal of the Organic Chemistry》简称为 J. Org. Chem.

这本有机化学杂志开始于 1936 年，为月刊，主要刊载有机化学方面的研究工作论文。

《Chemical Reviews》简称为 Chem. Rev.

这本化学评论开始于 1924 年, 为双月刊。主要刊载化学领域中的专题及发展近况的评论。内容涉及无机化学、有机化学、物理化学等各方面的研究成果与发展概况。

《Tetrahedron》

这本名为四面体的杂志开始于 1957 年, 它主要是为了迅速发表有机化学方面的研究工作和评论性综述文章。原为月刊, 自 1968 年起改为半月刊。

《Tetrahedron Letters》

这本四面体通讯主要是为了迅速发表有机化学方面的初步研究工作。

这两本国际性杂志中大部分论文是用英文写的, 也有用德文或法文写的论文。

《Synthesis》

这本国际性的合成杂志创刊于 1973 年, 主要刊载有机化学合成方面的论文。

《Journal of Organometallic Chemistry (1963—)

这本国际性的金属有机化学杂志简称为 J. Organomet. Chem.

《Organic Preparation and Procedures International》

这本美国出版的《国际有机制备与步骤》杂志, 简称 OPPI。创刊于 1969 年, 原称《Organic Preparatiom and Procedures》, 自 1971 年第 3 卷始改用现名, 为双月刊。这本杂志主要刊载有机制备方面最新成就的论文和短评。其中还包括有机化学工作者需要使用的无机试剂的制备, 光化学合成及化学动力学测定用新设备等。

2.1.3 化学文摘

化学文摘是将大量的、分散的各种文字的文献加以收集、摘录、分类整理而出的一种杂志。在众多的文摘性刊物中以美国化学文摘(《Chemical Abstract》, 简称 CA)最重要。

CA 是检索原始论文的最重要的参考来源。它创刊于 1907 年, 现每年出版两卷, 发表 50 多万条引自 9000 多种期刊、综述、专利、会议和著作中原始论文的摘要。化学文摘每周出版一期, 每六个月末汇集成一卷。单期号刊载生化类和有机化学类内容, 而逢双期号刊载大分子类、应化与化工、物化与分析化学类内容。

CA 包括以下两部分内容:

(1) 从资料来源刊物上将一篇文章按一定格式缩减为一篇文摘。再按索引词字母顺序编排, 或给出该文摘所在的页码或给出它在第一卷的栏数及段落。现在发展成一篇文摘占有一条顺序编号。在 CA 的文摘中一般包括以下几个内容: ①文题; ②作者姓名; ③作者单位和通信地址; ④原始文献的来源 (期刊、杂志、著作、专利和会议等); ⑤文摘内容; ⑥文摘摘录人姓名。

(2) 索引部分, 其目的是用最简便、最科学的方法查找到所需资料的摘要, 若有必要再从摘要列出的来源刊物寻找原始文献。CA 的优点在于从各方面编制各种索引, 使读者省时、全面地找到所需要的资料。CA 的索引系统比较完善。每期 CA 的后面都有主题索引、关键词索引、作者索引和专利号索引。每卷末又专门出版包括全卷内容的各种索引，每五年（1956 年前每十年）还出版包括这五年（十年）全部内容的各种索引，可以在短时间内找出 5～10 年内发表过的大部分有关文献的摘要。这种索引系统是其他文摘所没有的。

自 1967 年以来，年度索引的内容又有所扩大，除了主题索引、作者索引、分子式索引和专利索引以外，还陆续增加了环系索引、索引指南和登记号码索引，自 76 卷开始，又将主题索引划分为两部分，即普通主题索引和化学物质索引。

还可以利用光盘来检索 CA，只要键入作者姓名、关键词、文章题目、登录号、特定物质的分子式或化学结构式，就能迅速检索到包括上述项目的文摘。

现将各种索引简单介绍如下。

① 主题索引（Subject Index）　在每期后面有关键词索引（Key Words Index），自 76 卷开始的年度索引和第 9 次累积索引（1972—1976）中主题索引开始分为普通主题索引（General Subject Index）和化学物质索引（Chemical Substance Index）两部分。前者内容包括原来主题索引中属一般化学论题的部分，后者以化合物（及其衍生物）为题，主要提供有关化合物的制备、结构性质、反应等方面的文摘号。在这种索引系统中，化学物质将给以一个特定的 CAS 号码。

② 作者索引（Author Index）　姓在前，名在后，姓和名之间用逗号（,）分开。欧美人平常的写法是把名字写在姓前面，中间不加逗号（,），名字一般特别是第二个字，用字头（第一个字母）加点（.）缩写来表示。

俄文人名、日文人名和中文人名均有规定的音译法，日文人名写的是汉文，要按日文读音译成英文，中文人名是按罗马拼音（不是现在国内的汉语拼音）译成英文。

③ 分子式索引（Formula Index）　含碳的化合物首先按分子式中 C 的原子数，其次按 H 的原子数排列，然后才是其他元素按字母顺序排列。不含碳的化合物以及各元素一律按字母顺序排列。

④ 专利索引（Patent Index）和专利协调（Patent Concordance）　专利索引是分国别按专利号排的，前后期的专利号有很大的交叉，不能只查一年。许多国家往往将同一个专利在几个国家中注册取得专利权，即同一专利内容往往可以在几个国家的专利中查到（专利号不同）。在 58 卷以后每期和年度索引中都有专利协调一章，专门查这件事。我们可以利用这一点，如果某一国家的某号专利在国内没有收藏，或看不懂这种语言，可以查一查专利协调中相同内容的别国专利有没有，这就扩大了查阅范围，同时也可以避免重复查找内容相同的专利，因此拿到一个专利号要查阅时，最好先查一查专利协调。

⑤ 环系索引（Index of Ring System）　也称为杂原子次序索引。它给出各种杂环化合物在 CA 中所用的分子式，然后可以从分子式索引中查出，从 66 卷采用。

⑥ 索引指南（Index Guide）　自 69 卷开始每年出一次。内容包括：a. 交叉索引（Cross Index），可以帮助选定主题和关键词。b. 同名物。c. 各种典型的结构

式。d. 词义范围注解。e. 商品名称检索等。此索引系统在第 8 次累积索引 (1967—1971) 中也已开始使用。

⑦ 登记号码索引（Register Number Index） 从 62 卷开始收入 CA 的每种化合物都给一个登记号，简称 CAS 号码，今后沿用不变。这种号码主要是计算机归档号，与化合物组成和结构等无任何联系。这种 CAS 号码出现于 71 卷以后的主题索引和分子式索引上，也出现于同时期的有机化学杂志（J. Org. Chem.）上，利用这个号码还可以互查化合物的英文名称和分子式。

⑧ 来源索引（Source Index） 这是以专册形式出版的索引，于 1970 年出版。列举了 CA 中摘引的原文出处，期刊的全名（俄、日、中文等仍为英译名）、缩写等。

2.1.4 网上资源

随着网络技术的迅速发展，网上的化学资源也日益丰富，使用起来也越来越方便。但在信息资源极大丰富的今天，盲目检索不仅耗费大量时间，还会造成重要关键性信息的遗漏。因此，掌握文献检索要点十分重要，而文献检索在不同阶段、不同目的，要求也不相同。一般要求：首先在信息检索前要根据不同的检索目的制定不同的检索方案即检索策略，以查全、查新还有查准为目的。其次，在检索时要合理地选择资源，有次序地进行查找。可以先通过网络搜索引擎特别是专业搜索引擎获得即时信息和最新研究动态；再通过机构或专业网站检索专业性、针对性更强的信息；利用专业数据库和文献检索平台检索比较详细的信息。最后，对检索结果中的文献进行分析，研究鉴别。

网络资源太多，这里简单介绍一些常用的化学化工资源网站。

（1）搜索引擎

http：//www. google. com. hk

http：//www. baidu. com

http：//search. yahoo. com

SCIRUS http：//www. scirus. com

Google scholar http：//www. scholar. google. com

Sciseek http：//www. sciseek. com

Chemindustry http：//www. chemindustry. com

Chemrefer http：//www. chemrefer. com

网络虚拟图书馆 http：//vlib. org

（2）网络导航

① 国内网络资源导航

中国科学院化学学科门户网站 http：//www. las. ac. cn/index. jsp

化学在线 http：//www. chemonline. ent

化学之门 http：//www. chemonline. net/ChemDoor/default. asp

中国科学院国家科学数字图书馆 http：// www. las. ac. cn/index. jsp

清华大学学术信息服务网站 http：// develop. lib. tsinghua. edu. cn/infoweb/in-dex. jsp

② 国外网络资源导航

印第安纳大学化学信息资源 http：// www. indiana. edu/～cheminfo

Chemdexhttp：// www. chenmdex. org

化学信息网 http：// chin. csdl. ac. cn/

美国化学学会网站 http：// acswebcontent. acs. org/hom. htmL

英国皇家化学学会 http：// www. rsc. org

化学工程师资源主页 http：// www. cheresources. com/physinternetzz. shtmL

美国政府科学门户网站 http：// www. science. gov

（3）文献检索平台和数据库

中国知网（CNKI）http：// search. cnki. net

维普资讯 http：// www. cqvip. com

万方数据资源系统 http：// www. wanfangdata. com. cn

国家知识产权局专利检索系统 http：// www. sipo. gov. cn/sipo

国家科技图书文献中心 http：// www. nstl. gov. cn/index. htmL

美国《化学文摘》数据库 http：// www. cas. org

Knovel 电子工具书 http：// www. knovel. com

Detherm（热物性数据）http：// www. dechema. de/Dethermlange. html

2.2　有机化合物熔点测定及温度校正

2.2.1　基本原理

熔点是在一个大气压下（1atm＝101. 325kPa）固体化合物固相与液相平衡时的温度，这时固相和液相的蒸气压相等。每种纯固体有机化合物，一般都有一个固定的熔点，即在一定压力下，从始熔到全熔（这一熔点范围称为熔程），温度不超过 0.5～1℃。熔点是鉴定固体有机化合物的重要物理常数，也是化合物纯度的判断标准。当化合物中混有杂质时，熔程较长，熔点降低。当测得一个未知物的熔点与已知某物质熔点相同或相近时，可将该已知物与未知物混合，测量混合物的熔点，至少要按 1∶9、1∶1、9∶1 这三种比例混合。若它们是相同化合物，则熔点值不降低；若是不同的化合物，则熔程长，熔点值下降（少数情况下熔点值上升）。

纯物质的熔点和凝固点是一致的。从图 2-1 可以看出，当加热纯固体化合物时，在一段时间内温度上升，固体不熔。当固体开始熔化时，温度不会上升，直至所有固体都转变为液体，温度才会上升。反过来，当冷却一种纯液体化合物时，在一段时间内温度下降，液体未固化。当开始有固体出现时，温度不会下降，直至液

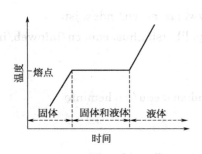

图 2-1　相随时间和温度的变化

体全部固化后，温度才会再下降。

在一定温度和压力下，将某纯物质的固液两相放在同一容器中，这时可能发生三种情况：固体熔化；液体固化；固液两相并存。我们可以从该物质的蒸气压与温度关系图（见图 2-2）来理解在某一温度时，哪种情况占优势。图（a）是固体的蒸气压随温度升高而增大的情况，图（b）是液体蒸气压随温度变化的曲线，若将图（a）和（b）两曲线加合，可得图（c）。可以看到，固相蒸气压随温度的变化速度比相应的液相大，最后两曲线相交于 M 点。在这特定的温度和压力下，固液两相并存，这时的温度 T_m 即为该物质的熔点。不同的化合物有不同的 T_m 值。当温度高于 T_m 时，固相全部转变为液相；低于 T_m 时，液相全部转变为固相。只有固液相并存时，固相和液相的蒸气压是一致的。这就是纯物质有固定而敏锐熔点的原因。一旦温度超过 T_m（甚至只有 $0.001℃$ 时），若有足够的时间，固体就可以全部转变为液体。所以要想精确测定熔点，则在接近熔点时，加热速度一定要慢。一般每分钟温度升高不能超过 $1～2℃$。只有这样，才能使熔化过程近似于相平衡条件。

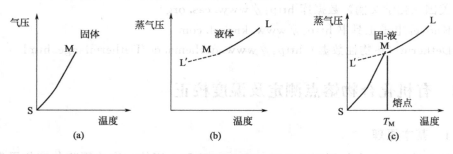

图 2-2　物质的温度与蒸气压曲线图

2.2.2　测定熔点的方法

（1）毛细管法

在有机化学实验中，毛细管熔点测定法是一个常用的方法，其最大优点是用量少，操作简便。

① 毛细管的准备　将一根外径约为 $1～1.5mm$、长 $6～7cm$ 的毛细管，一端放在小火焰的边缘处熔融，使之封闭，封闭的管底要薄、严实、均匀。

② 样品的填装　取 $0.1～0.2g$ 样品，放在干净的表面皿或玻璃片上用玻璃研成粉末，聚成小堆，将毛细管开口端插入样品堆中，使一些样品进入管内，然后将管口向上的毛细管放入长约 $50～60cm$ 垂直于桌面的玻璃管中，使之从高处落下，如此反复几次后，可把样品装得均匀、结实。样品高度 $2～3mm$，一个样品需装

2～3 支毛细管备用。

③ 安装测定熔点的装置　如图 2-3 所示，在提勒管（Thiele 管，又称 b 形管）上装有切口塞子，温度计插入其中，温度计水银球位于 b 形管上下两叉管之间，样品置于水银球中部，溶液的高度可达 b 形管上下叉管处，加热位置应位于侧管处，这样受热溶液可沿管作上升运动，促使整个 b 形管内溶液循环对流，使温度均匀而不需要搅拌。

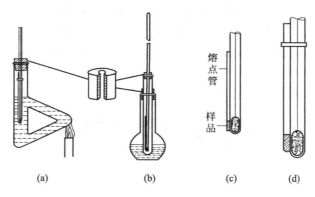

图 2-3　测熔点的装置

④ 测定样品熔点　将已装好的毛细管附着在温度计上，如用液体石蜡或硅油作浴液时，可用一细橡皮圈把毛细管固定在温度计上开始加热，若已知样品的熔点，开始可较快地加热，当温度低于熔点 10～15℃，需调小火焰慢慢加热，每分钟升温 1～2℃，在测未知物时，可先较快地粗测其熔点范围，再根据所测数据细测，这样较节省时间。在测定时，应仔细观察样品变化情况，记录始熔（开始塌落、润湿出现小液滴）温度和全熔（成为透明液体）温度，如 171.5～172.5℃。

在进行第二次测定时，液温需降至样品熔点 25～30℃ 以下再测。两次测得结果要平行，否则，需测第三次，直至两次结果平行。如无平行结果，可能是样品不纯，或尚未掌握测定方法。每支毛细管只能用一次，样品熔化后，降低温度即凝固，该凝固温度不能算作熔点。

（2）显微熔点仪测定熔点

这类仪器型号较多，但共同特点是使用样品量少（2～3 颗小结晶），可观察晶体在加热过程中的变化情况，能测量室温至 300℃ 样品的熔点，其具体操作如下：

在干净且干燥的载玻璃片上放微量晶粒并盖一片载玻璃片，放在加热台上。调节反光镜、物镜和目镜，使显微镜焦点对准样品，开启加热器，先快速后慢速加热，温度快升至熔点时，控制温度上升的速度为每分钟 1～2℃，当样品结晶、棱角开始变圆时，表示熔化已开始，结晶形状完全消失表示熔化已完成。可以看到样品变化的全过程，如结晶的失水、多晶的变化及分解。测毕停止加热，稍冷，用镊子拿走载玻璃片，将铝板盖在加热台上，可快速冷却，以便再次测试或收存仪器。

在使用这种仪器前必须仔细阅读使用指南，严格按操作规程进行。

（3）温度计的校正

为了进行准确测量，一般从商店购来的温度计，在使用前需对其进行校正。校正温度计的方法有如下几种：

① 比较法　选一支标准温度计与要进行校正的温度计在同一条件下测定温度，比较其指示的温度值。

② 定点法　选择数种已知准确熔点的标准样品（见表 2-1），测定它们的熔点，以观察到的熔点（t_2）为纵坐标，以此熔点（t_2）与准确熔点（t_1）之差（Δt）作横坐标，从图中求得校正后的正确温度误差值，例如测得的温度为 100℃，则校正后应为 101.3℃。

一些有机化合物的熔点如表 2-1 所示。

表 2-1　一些有机化合物的熔点

样品名称	熔点/℃	样品名称	熔点/℃
水-冰	0	水杨酸	159
对二氯苯	53.1	D-甘露醇	168
对二硝基苯	174	对苯二酚	173~174
邻苯二酚	105	苯甲酸	122.4

【实验内容】

测定下列化合物的熔点：乙酰苯胺、萘、苯甲酸和尿素。

【思考题】

（1）加热的快慢为什么会影响熔点？在什么情况下加热可以快一些，而在什么情况下则要慢一些？

（2）如果没有把样品研磨得很细，对装样有什么影响？测定的熔点数据可靠否？

（3）是否可以使用第一次测熔点时已经熔化的有机化合物再做第二次测定呢？为什么？

（4）若 A、B 有相同的熔点，是否可认为 A、B 为同一物质，应如何确认？

2.3　有机化合物沸点测定

2.3.1　基本原理

由于分子运动，液体分子有从表面逸出的倾向。这种倾向常随温度的升高而增大。即液体在一定温度下具有一定的蒸气压，液体的蒸气压随温度升高而增大，而与体系中存在的液体及蒸气的绝对量无关。

从图 2-4 可以看出，将液体加热时，其蒸气压随温度升高而不断增大。当液体的蒸气压增大至与外界施加给液面的总压力（通常是大气压力）相等时，就有大量气泡不断地从液体内部逸出，即液体沸腾。这时的温度称为该液体的沸点，显然液体的沸点与外界压力有关。外界压力不同，同一液体的沸点会发生变化。不过通常所说的沸点是指外界压力为一个大气压时的液体沸腾温度。

在一定压力下，纯的液体有机物具有固定的沸点。但当液体不纯时，则沸点有一个温度稳定范围，常称为沸程。

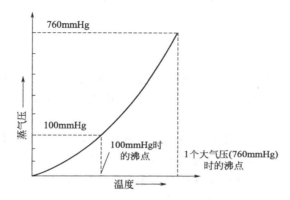

图 2-4　液体的蒸气压-温度曲线

2.3.2　沸点的测定

一般用于测定沸点的方法有两种：

（1）常量法

即用蒸馏法来测定液体的沸点。

（2）微量法

① 沸点管的准备　将一个内径约为 3mm、长约 6～8cm 的小玻璃管作为装试样的外管，另取一根长约 8cm 的毛细管，用小火封闭其一端，作为沸点管的内管。

② 测定前的准备　在沸点管的外管中滴加约 1cm 高待测样品，把毛细管开口端插入待测液中。再把沸点管用橡皮圈固定在温度计上，如图 2-5 所示，插入 b 形管的加热浴中，其余装置要求与熔点测定一样。

③ 测定沸点　将热浴慢慢加热，使温度均匀上升。随着温度升高，将会有小气泡从毛细管中经液面跑出，继续加热至稍高于该液体沸点时，

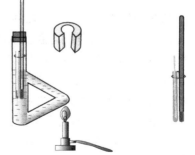

图 2-5　微量法沸点测定装置

将有一连串气泡快速逸出，此时停止加热，浴液温度持续升高后，即慢慢下降。但必须注意观察，当气泡恰好停止外逸，液体刚要进入毛细管的瞬间（注意可观察到最后一个气泡刚欲缩回至毛细管的瞬间），记下温度计上的温度读数，即为液体的

沸点，一个样品测定须重复 2～3 次，测得平行数据应不超过 1℃。

【实验内容】

测定下列化合物的沸点：丙酮、乙醇、甲苯、环己醇。

【思考题】

（1）为什么把最后一个气泡刚欲缩回至内管的瞬时温度作为该化合物的沸点？

（2）具有固定沸点的一定是纯净化合物吗？为什么？

2.4　加热方法

某些化学反应在室温下难以进行或进行得很慢。为了加快反应速率，要采用加热的方法。温度升高反应速率加快，一般温度每升高 10℃，反应速率增加 1 倍。

有机实验常用的热源是电炉、电热套、酒精灯等。一般玻璃器皿不采用直接火焰加热，否则由于局部过热，可能引起有机化合物的部分分解。此外，从安全的角度来看，因为有许多有机化合物能燃烧甚至爆炸，应该避免用火焰直接接触被加热的物质。可根据物料及反应特性采用适当的间接加热方法。最简单的方法是通过石棉网进行加热。用灯焰加热时，灯焰要对准石棉块，以免铁丝网被烧断，或局部温度过高。

（1）水浴

当所需加热温度在 80℃ 以下时，可将容器浸入水浴中。热浴液面应略高于容器中的液面，勿使容器底触及水浴锅底。控制温度稳定在所需要范围内。

若长时间加热，水浴中的水会汽化蒸发。可采用电热恒温水浴，还可以在水面上加几片石蜡。石蜡受热熔化铺在水面上，可减少水的蒸发。

（2）油浴

加热温度在 80～250℃ 之间可用油浴，也常用电热套加热。

油浴所能达到的最高温度取决于所用油的种类。若在植物油中加入 1% 的对苯二酚，可增加油在受热时的稳定性。甘油和邻苯二甲酸二丁酯的混合液适用于加热到 140～180℃，温度过高则分解。甘油吸水性强，放置过久的甘油，使用前应首先加热蒸去所吸的水分，之后再用于油浴。液体石蜡可加热到 220℃，温度稍高虽不易分解，但易燃烧。固体石蜡也可加热到 220℃ 以上，其优点是室温下为固体，便于保存。硅油和真空泵油在 250℃ 以上时较稳定，但由于价格贵，一般实验室较少使用。

用油浴加热时，要在油浴中装置温度计（温度计感应头如水银球等，不应触及油浴锅底），以便随时观察和调节温度。

油浴所用的油中不能溅入水，否则加热时会产生泡沫或爆溅。使用油浴时，要特别注意防止油蒸气污染环境和引起火灾。为此，可用一块中间有圆孔的石棉板覆盖油锅。

（3）空气浴

空气浴就是让热源把局部空气加热，空气再把热能传导给反应容器。

电热套加热就是简便的空气浴加热，能从室温加热到 200℃左右。安装电热套时，要使反应外壁与电热套内壁保持 2cm 左右的距离，以便利用热空气传热和防止局部过热等。

（4）砂浴

加热温度达 200℃或 300℃以上时，往往使用砂浴。

将清洁而又干燥的细砂平铺在铁盘上，把盛有被加热物料的容器埋在砂中，加热铁盘。由于砂对热的传导能力较差而散热却较快，所以容器底部与砂浴接触处的砂层要薄些，以便于受热。

由于砂浴散热太慢，温度上升较慢，且不易控制，因而使用范围不广。

除了以上介绍的几种加热方法外，还可用熔盐浴、金属浴（合金浴）、电热法等更多的加热方法，以适于实验的需要。无论用何法加热，都要求加热均匀而稳定，尽量减少热损失。

2.5　冷却方法

有时在反应中会产生大量的热而使反应温度迅速升高，如果控制不当，可能引起副反应；它还会使反应物蒸发，甚至会发生冲料和爆炸事故。要把温度控制在一定范围内，就要进行适当的冷却。有时为了降低溶质在溶剂中的溶解度或加速结晶析出，也要采用冷却的方法。

（1）冰水冷却

可用冰水在容器外壁流动，或把反应器浸在冷水中，交换走热量。也可用水和碎冰的混合物作冷却剂，其冷却效果比单用冰块好。如果水不妨碍反应进行时，也可把碎冰直接投入反应器中，以便更有效地保持低温。

（2）冰盐冷却

要在 0℃以下进行操作时，常用按不同比例混合的碎冰和无机盐作为冷却剂。可把盐研细，把冰砸碎（或用冰片花）成小块，使盐均匀地包在冰块上，在使用过程中应随时加以搅拌。

（3）干冰或干冰与有机溶剂混合冷却

干冰（固体的二氧化碳）和乙醇、异丙醇、丙酮、乙醚或氯仿混合，可冷却到 −50～−78℃。应将这种冷却剂放在杜瓦瓶（广口保温瓶）中或其他绝热效果好的容器中，以保持其冷却效果。

（4）低温浴槽

低温浴槽是一个小冰箱，冰室口向上，蒸发面用筒状不锈钢槽代替，内装酒精，外设压缩机，循环氟里昂制冷。压缩机产生的热量可用水冷或风冷散去。可装外循环泵，使酒精与冷凝器连接循环，还可装温度计等指示器。反应瓶浸在酒精液体中，适于−30～30℃范围的反应使用。

以上制冷方法供选用。注意温度低于−38℃时，由于水银会凝固，因此不能用水银温度计。对于较低的温度，应采用添加少许颜料的有机溶剂（酒精、甲苯、正戊烷）温度计。

2.6 干燥方法

干燥是常用的除去固体、液体或气体中少量水分或少量有机溶剂的方法。如在进行有机物波谱分析、定性或定量分析以及测定物理常数时，往往要求预先干燥，否则测定结果便不准确。液体有机物在蒸馏前也需干燥，否则沸点前馏分较多，产物损失，甚至沸点也不准。此外，许多有机反应需要在无水条件下进行，因此，溶剂、原料和仪器等均要干燥。可见，在有机化学实验中，试剂和产品的干燥具有重要的意义。

2.6.1 基本原理

干燥方法可以分为物理方法和化学方法两种。

（1）物理方法

物理方法中有烘干、晾干、吸附、分馏、共沸蒸馏和冷冻等。近年来，还常有交换树脂和分子筛等方法来进行干燥。

离子交换树脂是一种不溶于水、酸、碱和有机溶剂的高分子聚合物。分子筛是含水硅铝酸盐的晶体。

（2）化学方法

化学方法是采用干燥剂来除水。根据除水作用原理又可分为两种：

① 与水可逆地结合，生成水合物；

② 与水发生不可逆的化学反应，生成新的化合物。

使用干燥剂时要注意以下几点：

① 干燥剂与水的反应为可逆反应时，反应达到平衡需要一定时间。因此，加入干燥剂后，一般最少要15min或更长一点的时间后才能收到较好的干燥效果。因反应可逆，不能将水完全除尽，故干燥剂的加入量要适当，一般为溶液体积的5%左右。当温度升高时，这种可逆反应的平衡向脱水方向移动，所以在蒸馏前，必须将干燥剂滤除，否则被除去的水将返回液体中。另外，若把盐倒（或留）在蒸馏瓶底，受热时会发生崩溅。

② 干燥剂与水发生不可逆反应时，使用这类干燥剂在蒸馏前不必滤除。

③ 干燥剂只适用于干燥少量水分。若水的含量大，干燥效果不好。为此，萃取时应尽量将水层分净，这样干燥效果好，且产物损失少。

2.6.2　液体有机化合物的干燥

（1）干燥剂的选择

干燥剂应与被干燥的液体有机化合物不发生化学反应，包括溶解络合缔合和催化等作用，例如酸性化合物不能用碱性干燥剂等等。表 2-2 列出各类有机物常用干燥剂及其性能。

表 2-2　各类有机物常用干燥剂

干燥剂	吸水作用	吸水容量	干燥效能	干燥速度	适用范围	不适用范围	注　释
氯化钙	$CaCl_2 \cdot nH_2O$ $n=1,2,4,6$	0.97 按 $CaCl_2 \cdot 6H_2O$ 计	中等	较快，但吸水后易在其表面覆盖液体，应放置较长时间	烃、烯烃、丙酮、醚和中性气体	与醇、氨、胺、酚、氨基酸、酰胺、酮及某些醛和酯结合，不能用	①廉价；②工业品中含 $Ca(OH)_2$ 或 CaO，故不能干燥酸类；③$CaCl_2 \cdot 6H_2O$ 在 30℃ 以上易失水；④$CaCl_2 \cdot 4H_2O$ 在 45℃ 以上失水
硫酸镁	$MgSO_4 \cdot nH_2O$ $n=1,2,4,5,6,7$	1.05 按 $MgSO_4 \cdot 7H_2O$ 计	较弱	较快	中性,应用范围广,可以代替 $CaCl_2$,并可以干燥酯、醛、酮、腈、酰胺等,并用于不能用 $CaCl_2$ 干燥的化合物		$MgSO_4 \cdot 7H_2O$ 在 49℃ 以上失水；$MgSO_4 \cdot 6H_2O$ 在 38℃ 以上失水
硫酸钠	$Na_2SO_4 \cdot 10H_2O$	1.25	弱	缓慢	中性，一般用于有机液体的初步干燥		$Na_2SO_4 \cdot 10H_2O$ 在 32.4℃ 以上失水
硫酸钙	$CaSO_4 \cdot nH_2O$	0.06	强	快	中性硫酸钙经常与硫酸钠配合，作最后干燥之用		$CaSO_4 \cdot 2H_2O$ 在 38℃ 以上失水；$CaSO_4 \cdot H_2O$ 在 80℃ 以上失水
氢氧化钠（钾）	溶于水		中等	快	强碱性，用于干燥胺、杂环等碱性化合物(氨、胺、醚、烃)	不能用于干燥醇、酯、醛、酮、酸、酚等	吸湿性强
碳酸钾	$K_2CO_3 \cdot 1/2H_2O$	0.2	较弱	慢	弱碱性，用于干燥醇、酮、酯、胺及杂环等碱性化合物，可代替 KOH 干燥胺类	不适于酸、酚及其他酸性化合物	有吸湿性
高氯酸镁			强		包括氯在内的气体(用于干燥器和洗气瓶中)	易氧化的有机液体,因产生过氯酸易爆炸	适合于分析用

续表

干燥剂	吸水作用	吸水容量	干燥效能	干燥速度	适用范围	不适用范围	注　释
硫酸					中性及酸性气体(用于干燥器和洗气瓶中)	不饱和化合物、醇、酮、碱性物质、H_2S、HI	不适用于高温下的真空干燥
金属钠			强	快	限于干燥醚、烃、叔胺中的痕量水分	与氯代烃相遇有爆炸危险！不用于醇及其他有反应之物，不能用于干燥器中	忌水
氧化钙(碱石灰，BaO类同)			强	较快	中性及碱性气体、胺、醇、乙醚(低级的醇)	不能用于干燥酸类和酯类	对热很稳定，不挥发，干燥后可直接蒸馏
五氧化二磷			强	快，但吸水后表面被黏浆液覆盖，操作不便	适于干燥烃、卤代烃、腈等中的痕量水分，适于干燥中性或酸性气体，如乙炔、二硫化碳、烃、卤代烃	不适于醇、醚、酸、胺、酮、HCl、HF等	吸湿性很强，用于干燥气体时需与载体相混
硅胶					包括氯在内的气体(用于干燥器中)	HF	吸收残余溶剂
分子筛(硅酸钠铝和硅酸钙铝)		约0.25	强	快	流动气体(温度可高于100℃)、有机溶剂等(用于干燥器中)、各类有机化合物	不饱和烃	

（2）使用干燥剂时要考虑干燥剂的吸水容量和干燥效能

干燥效能是指达到平衡时液体被干燥的程度。对于形成水合物的无机盐干燥剂，常用吸水后结晶水的蒸气压来表示干燥剂效能。如硫酸钠形成10个结晶水，蒸气压为260Pa；氯化钙最多能形成6个水的水合物，其吸水容量为0.97，在25℃时水蒸气压力为39Pa。因此硫酸钠的吸水容量较大，但干燥效能弱；而氯化钙吸水容量较小，但干燥效能强。在干燥含水量较大而又不易干燥的化合物时，常先用吸水容量较大的干燥剂除去大部分水分，再用干燥效能强的干燥剂进行干燥。

（3）干燥剂的用量

根据水在液体中溶解度和干燥剂的吸水量，可算出干燥剂的最低用量。但是，干燥剂的实际用量是大大超过计算量的。实际操作中，主要是通过现场观察判断。

① 观察被干燥液体。例如在环己烯中加入无水氯化钙进行干燥，未加干燥剂之前，由于环己烯中含有水，环己烯不溶于水，溶液处于浑浊状态。当加入干燥剂吸水之后，环己烯呈清澈透明状，这时即表明干燥合格，否则应补加适量干燥剂继续干燥。

② 观察干燥剂。例如用无水氯化钙干燥乙醚时，无论乙醚中的水除净与否，溶液总是呈清澈透明状，如何判断干燥剂用量是否合适，则应看干燥剂的状态。加入干燥剂后，因其吸水变黏，粘在器壁上，摇动不易旋转，表明干燥剂用量不够，应适量补加无水氯化钙，直到新加的干燥剂不结块，不粘壁，干燥剂棱角分明，摇动时旋转并悬浮（尤其 $MgSO_4$ 等小晶粒干燥剂），表示所加干燥剂用量合适。

由于干燥剂还能吸收一部分有机液体，影响产品收率，故干燥剂用量应适中。应加入少量干燥剂后静置一段时间，观察用量不足时再补加。一般每 10mL 样品约需加入 0.05～0.2g 干燥剂。

（4）干燥时的温度

对于生成水合物的干燥剂，加热虽可加快干燥速度，但远远不如水合物放出水的速度快，因此，干燥通常在室温下进行。

（5）操作步骤与要点

① 首先把被干燥液中水分尽可能除净，不应有任何可见的水层或悬浮水珠。

② 把待干燥的液体放入锥形瓶中，取颗粒大小合适（如无水氯化钙，应为绿豆粒大小并不夹带粉末）的干燥剂，放入液体中，用塞子盖住瓶口，轻轻振摇，经常观察，判断干燥剂是否足量，静置 0.5h，最好过夜。

③ 把干燥好的液体滤入蒸馏瓶中，然后进行蒸馏。

2.6.3　固体有机化合物的干燥

干燥固体有机化合物，主要是为除去残留在固体中的少量低沸点溶剂，如水、乙醚、乙醇、丙酮、苯等。由于固体有机物的挥发性比溶剂小，所以采取蒸发和吸附的方法来达到干燥的目的，常用干燥法如下：

① 晾干。

② 烘干。a. 用恒温烘箱烘干或用恒温真空干燥箱烘干；b. 用红外灯烘干。

③ 冻干。

④ 若遇难抽干溶剂时，把固体从布氏漏斗中转移到滤纸上，上下均放 2～3 层滤纸，挤压，使溶剂被滤纸吸干。

⑤ 干燥器干燥：a. 普通干燥器；b. 真空干燥器；c. 真空恒温干燥器（干燥枪）。

2.6.4　气体的干燥

在有机实验中常用的气体有 N_2、O_2、Cl_2、NH_3、CO_2，有时要求气体中含很少或几乎不含 CO_2、H_2O 等，因此就需要对上述气体进行干燥。

　　干燥气体常用的仪器有干燥管、干燥塔、U 形管、各种洗气瓶（用来盛液体干燥剂）等。干燥气体常用的干燥剂列于表 2-3 中。

表 2-3　用于气体干燥的常用干燥剂

干燥剂	可干燥的气体
CaO、碱石灰、NaOH、KOH	NH_3 类
无水 $CaCl_2$	H_2、HCl、CO_2、CO、SO_2、N_2、O_2、低级烷烃、醚、烯烃、卤代烃
P_2O_5	H_2、O_2、CO_2、SO_2、N_2、乙烯
浓 H_2SO_4	H_2、N_2、CO_2、Cl_2、HCl、烷烃

2.7　常压蒸馏

　　通过常压蒸馏可以将两种或两种以上挥发度不同的液体分离，这两种液体的沸点应相差 30℃以上。蒸馏是分离和提纯有机化合物最常见也是最重要的方法之一。

2.7.1　蒸馏原理

　　液体混合物之所以能用蒸馏的方法加以分离，是因为组成混合液的各组分具有不同的挥发度。例如，在常压下苯的沸点为 80.1℃，而甲苯的沸点为 110.6℃。若将苯和甲苯的混合液在蒸馏瓶内加热至沸腾，溶液部分被汽化。此时，溶液上方蒸气的组成与液相的组成不同，沸点低的苯在蒸气相中的含量增多，而在液相中的含量减少。因而，若部分汽化的蒸气全部冷凝，就得到易挥发组分含量比蒸馏瓶内残留溶液中所含易挥发组分含量高的冷凝液，从而达到分离的目的。同样，若将混合蒸气部分冷凝，正如部分汽化一样，则蒸气中易挥发组分增多。这里强调的是部分汽化和部分冷凝，若将混合液或混合蒸气全部冷凝或全部汽化，则不言而喻，所得到的混合蒸气或混合液的组成不变。综上所述，蒸馏就是将液体混合物加热至沸腾使液体汽化，然后，蒸气通过冷凝变成液体，使液体混合物分离的过程，从而达到提纯的目的。

2.7.2　蒸馏过程

　　蒸馏分为三个阶段。

　　在第一阶段，随着加热，蒸馏瓶内的混合液不断汽化，当液体的饱和蒸气压与施加给液体液面的外压相等时，液体沸腾。在蒸气未达到温度计水银球部位时，温度计读数不变。一旦水银球部位有液滴出现（说明体系正处于汽-液平衡状态），温度计内水银柱急剧上升，直至接近易挥发组分沸点，水银柱上升变缓慢，开始有液体被冷凝而流出。我们将这部分流出液称为前馏分（或馏头）。由于这部分液体的沸点低于要收集组分的沸点，因此，应作为杂质弃掉。有时被蒸馏的液体几乎没有馏头，应将蒸馏出来的前 1～2 滴液体作为冲洗仪器的馏头去掉，不要收集到馏分中去，以免影响产品质量。

在第二阶段，馏头蒸出后，温度稳定在沸程范围内，沸程范围越小，组分纯度越高。此时，流出来的液体称为馏分，这部分液体是所要的产品。随着馏分的蒸出，蒸馏瓶内的混合液体的体积不断减少。直至温度超过沸程，即可停止接收。

在第三阶段，如果混合液中只有一种组分需要收集，此时，蒸馏瓶内剩余液体应作为馏尾弃掉。如果是多组分蒸馏，第一组分蒸完后温度上升至第二组分沸程前流出的液体，则既是第一组分的馏尾又是第二组分的馏头，当温度稳定在第二组分沸程范围内时，即可接收第二组分。如果蒸馏瓶内液体很少时，温度会自然下降。此时，应停止蒸馏。无论进行何种蒸馏操作，蒸馏瓶内的液体都不能蒸干，以防蒸馏瓶过热或有过氧化物存在而发生爆炸。

（1）在常压下进行蒸馏时，由于大气压往往不恰好等于101.325kPa（760mmHg），因此，严格地说，应该对温度加以校正。但一般偏差较小，因而可忽略不计。

（2）当液体中溶入其他物质时，无论这种溶质是固体、液体还是气体，无论挥发性大还是小，液体的蒸气压总是降低的，因而所形成溶液的沸点会有变化。

（3）在一定压力下，凡纯净的化合物都有一个固定的沸点，但是具有固定沸点的液体不一定都是纯净化合物。因为当两种或两种以上的物质形成共沸物时，它们的液相组成和气相组成相同，因此在同一沸点下，它们的组成一样。这样的混合物用一般的蒸馏方法无法分离，具体方法见共沸蒸馏。

2.7.3 蒸馏装置

微型有机实验中，对于5mL以上液体进行常压蒸馏时，可用常压蒸馏的微型装置，如图2-6所示。对于4mL以下液体的常压蒸馏，可用H型微型分馏头进行蒸馏，如图2-7所示。

在装配过程中应注意：

（1）为了保证温度测量的准确性，温度计水银球的位置应放置在如图2-6(b)所示的位置，即温度计水银球上限与蒸馏头支管下限在同一水平线上。

（2）任何蒸馏或回流装置均不能密封，否则，当液体蒸气压增大时，轻者蒸气冲开连接口，使液体冲出蒸馏瓶，重者会发生装置爆炸而引起火灾。

（3）安装仪器时，应首先根据热源的高度确定反应器的高度，然后，按自下而上、从左到右的顺序组装。仪器组装应做到横平竖直，铁架台一律整齐地放置于仪器背后。

2.7.4 简单蒸馏操作

（1）加料

做任何实验都应先组装仪器后再加原料。加液体原料时，取下烧瓶，慢慢地将液体倒入烧瓶中。

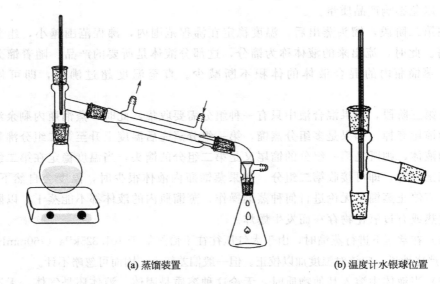

(a) 蒸馏装置　　　　　　　　　　(b) 温度计水银球位置

图 2-6　常压蒸馏装置

（2）加沸石

为了防止液体暴沸，再加入几粒沸石。沸石为多孔性物质，刚加入液体中小孔内有许多气泡，它可以将液体内部的气体导入液体表面，形成气化中心。如加热中断，再加热时应重新加入新沸石，因原来沸石上的小孔已被液体充满，不能再起气化中心的作用。同理，分馏和回流时也要加沸石。

（3）加热

在加热前，应检查仪器装配是否正确，原料、沸石是否加好，冷凝水是否通入，一切无误后再开始加热。开始加热时，火焰可以大一些，一旦液体沸腾，水银球部位出现液滴，即应控制火焰大小，以蒸馏速度每秒1～2滴为宜。蒸馏时，温度计水银球上应始终保持有液滴存在。

（4）馏分的收集

收集馏分时，应取下接收馏头的容器，换一个经过干燥并称量的容器来接收馏分，即产物。当温度超过沸程范围，停止接收。沸程越小，蒸出的物质越纯。

（5）停止蒸馏

馏分蒸出后，如不需要接收第二组分，可停止蒸馏。应先停止加热，待稍冷却后馏出物不再继续流出时，取下接收瓶保存好产物，关掉冷凝水，按规定拆除仪器并加以清洗。

【实验注意事项】

（1）蒸馏前应根据待蒸馏液体的体积，选择合适的蒸馏瓶。一般被蒸馏的液体占蒸馏瓶容积的2/3为宜，蒸馏瓶越大产品损失越多。

（2）在加热开始后发现没加沸石，应停止加热，待稍冷却后再加入沸石。千万不要在沸腾或接近沸腾的溶液中加入沸石，以免在加入沸石的过程中发生暴沸。

（3）对于沸点较低又易燃的液体，如乙醚，应用水浴加热，而且蒸馏速度不能太快，以保证蒸气全部冷凝。如果室温较高，接收瓶应放在冷水中冷却，在接收管支口处连接一根橡胶管，将未被冷凝的蒸气导入流动的水中带走。

（4）在蒸馏沸点高于 140℃ 的液体时，应用空气冷凝管。主要原因是温度高时，如用水作为冷却介质，冷凝管内外温差增大，而使冷凝管接口处局部骤然遇冷容易断裂。

【实验内容】

5mL 工业酒精的提纯。

【思考题】

（1）蒸馏法可以得到 95％ 纯度的乙醇溶液，如何进一步得到更高纯度的乙醇？

（2）装配蒸馏装置应注意哪些问题？

（3）安装温度计时，温度计水银球上端应处于什么位置？若位置偏高或偏低对所测沸点有何影响？

（4）蒸馏法收集乙醇应收集哪一段馏分？沸点偏高或偏低对乙醇浓度有什么影响？

（5）开始时放入沸石为什么能防止暴沸？如果加热后发觉未加入沸石，应如何处理？

（6）冷凝水通水是由下而上，反过来效果如何？如加热后有馏液出来时才发觉冷凝水未通水，能否马上通水？为什么？

2.8　简单分馏

简单分馏主要用于分离两种或两种以上沸点相近且混溶的有机溶液。分馏在实验室和工业生产中广泛应用，工程上常称为精馏。

2.8.1　分馏原理

沸点不同但可互溶的液体混合物，通过在分馏柱中多次地汽化-冷凝，从而使低沸点物质与高沸点物质得到分离，这个过程称为分馏。简单地说，分馏就是多次的蒸馏。注意：共沸混合物有固定的组成和沸点，不能通过分馏的方法分离。

简单蒸馏只能使液体混合物得到初步的分离。为了获得高纯度的产品，理论上可以采用多次部分汽化和多次部分冷凝的方法，即将简单蒸馏得到的馏出液，再次部分汽化和冷凝，以得到纯度更高的馏出液。而将简单蒸馏剩余的混合液再次部分汽化，则得到易挥发组分更低、难挥发组分更高的混合液。只要上面这一过程足够多，就可以将两种沸点相差很近的有机溶液分离。简言之，分馏即为反复多次的简单蒸馏。在实验室常采用分馏柱来实现，而工业上采用精馏塔。

分馏柱的作用就是使高沸点组分回流，低沸点组分得到蒸馏的仪器装置。分馏的用途就是分离沸点相近的多组分液体混合物。影响分离效率的因素除混合物的本性外，主要就在于分馏柱设备装置的精密性以及操作的科学性（回流比）。根据设备条件的不同，分馏可分为简单分馏和精馏。现在用最精密的分馏设备已能将沸点相差 1～2℃ 的混合物分开。

蒸馏与分馏操作比较见表 2-4。

表 2-4　蒸馏与分馏操作比较

操作比较		蒸　馏	分　馏
相同点	原理	先使液体气化，再经冷凝装置冷凝为液体	
	装置	热源，蒸馏器，温度计，冷凝管，接收管等	
	操作	需调节加热温度来控制馏出速度，不同温度范围的馏分分别收集	
不同点	原理	只进行一次气化和冷凝，所以分离效率低，只能分离组分沸点相差较大的液体混合物	靠分馏柱实现多次气化与冷凝，所以分离效果高，可用于分离组分沸点相差较小的液体混合物
	装置	无分馏柱	有分馏柱
	操作	比较简单，只需控制馏出速度（1～2 滴/s）	较复杂，要选用合适的分馏柱，要控制馏出速度（1 滴/s），且要防止液泛的产生

2.8.2　分馏装置图

分馏装置与简单蒸馏装置类似，不同之处是在蒸馏瓶与蒸馏头之间加了一根分馏柱，如图 2-7 所示。分馏柱的种类很多，实验室常用韦氏分馏柱。微型实验可用 H 型微型分馏头进行分馏，如图 2-7 所示。

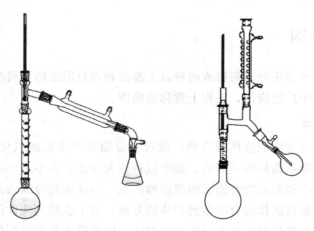

图 2-7　简单分馏装置图

2.8.3　分馏基本操作

（1）进行蒸馏操作时，有时发现馏出物的沸点低于（或高于）该化合物的沸点，有时馏出物的温度一直在上升，这可能是因为混合液体组成比较复杂、沸点又比较接近的缘故，简单蒸馏难以将它们分开，可考虑用分馏。

（2）沸石的加入。为了清除在蒸馏过程中的过热现象和保证沸腾的平稳状态，常加沸石，或一端封口的毛细管，因为它们都能防止加热时的暴沸现象，把它们称为止暴剂，又叫助沸剂，值得注意的是，不能在液体沸腾时，加入止暴剂，不能用已使用过的止暴剂。

（3）蒸馏及分馏效果好坏与操作条件有直接关系，其中最主要的是控制馏出液流出速度，以 1～2 滴/s 为宜（1mL/min），不能太快，否则达不到分离要求。

（4）当蒸馏沸点高于 140℃ 的物质时，应该使用空气冷凝管。

（5）如果维持原来加热程度，不再有馏出液蒸出，温度突然下降时，就应停止蒸馏，即使杂质量很少也不能蒸干，特别是蒸馏低沸点液体时更要注意不能蒸干，否则易发生意外事故。蒸馏完毕，先停止加热，后停止通冷却水，拆卸仪器，其程序和安装时相反。

（6）蒸馏低沸点易燃、吸潮的液体时，在接液管的支管处连一干燥管，再从后者出口处接胶管通入水槽或室外，并将接收瓶在冰浴中冷却。

（7）简单分馏操作和蒸馏大致相同，要很好地进行分馏，必须注意下列几点。

① 分馏一定要缓慢进行，控制好恒定的蒸馏速度（1～2 滴/s），这样，分馏效果比较好。

② 要使有相当量的液体沿柱流回烧瓶中，即要选择合适的回流比，使上升的气流和下降液体充分进行热交换，使易挥发组分尽量上升，难挥发组分尽量下降，分馏效果更好。

③ 必须尽量减少分馏柱的热量损失和波动。柱的外围可用石棉绳包住，这样可以减少柱内热量的散发，减少风和室温的影响，也减少了热量的损失和波动，使加热均匀，分馏操作平稳地进行。

【实验内容】

（1）在 10mL 圆底烧瓶内放置 5mL 乙醇和水的混合物及 1～2 粒沸石。

（2）安装水浴装置，按简单分馏装置安装仪器。

（3）通冷凝水，然后水浴加热。

（4）当冷凝管中有蒸馏液流出时，迅速记录温度计所示的温度，控制加热速度，使馏出液以 1～2 滴/s 的速度蒸出。

（5）收集馏出液，收集 77～80℃ 的馏分。

（6）分馏完毕后，应先关闭火源，再关闭冷凝水，拆卸仪器的顺序与安装时相反。

【思考题】

（1）分馏和蒸馏在原理及装置上有哪些异同？如果是两种沸点很接近的液体组成的混合物能否用分馏来提纯？

（2）若加热太快，馏出液大于 1～2 滴/s（每秒钟的滴数超过要求量），用分馏分离两种液体的能力会显著下降，为什么？

（3）用分馏柱提纯液体时，为了取得较好的分离效果，为什么分馏柱必须保持回流液？

（4）在分离两种沸点相近的液体时，为什么装有填料的分馏柱比不装填料的效率高？

2.9　减压蒸馏

减压蒸馏适用于常压下沸点较高及常压蒸馏时易发生分解、氧化、聚合等反应的热敏性有机化合物的分离提纯。一般把低于一个大气压的气压空间称为真空，因此，减压蒸馏也称为真空蒸馏。

2.9.1　基本原理

液体的沸点与外界施加于液体表面的压力有关，随着外界施加于液体表面压力的降低，液体沸点下降。沸点与压力的关系可近似地用下式表示：

$$\lg p = A + \frac{B}{T} \tag{2-1}$$

式中　p——液体表面的蒸气压；

　　　　T——液体沸腾时的热力学温度；

　　　　A，B——常数。

如果用 $\lg p$ 为纵坐标、$1/T$ 为横坐标，可以近似地得到一条直线。从二元组分已知的压力和沸点温度，可算出 A 和 B 的数值，再将所选择的压力带入上式即可求出液体在这个压力下的沸点。表 2-5 给出了部分有机化合物在不同压力下的沸点。

表 2-5　部分有机化合物压力与沸点的关系

压力/Pa(mmHg)	水	氯苯	苯甲醛	水杨酸乙酯	甘油	蒽
101325(760)	100	132	179	234	209	354
6665(50)	38	54	95	139	204	225
3999(30)	30	43	84	127	192	207
3332(25)	26	39	79	124	188	201
2666(20)	22	34.5	75	119	182	194
1999(15)	17.5	29	69	113	175	186
1333(10)	11	22	62	105	167	175
666(5)	1	10	50	95	156	159

但实际上许多物质的沸点变化是由分子在液体中的缔合程度决定的。因此，在实际操作中，经常使用图 2-8 来估计某种化合物在某一压力下的沸点。

压力对沸点的影响还可以作如下估计。

（1）从大气压降至 3332Pa（25mmHg）时，高沸点（250～300℃）化合物的沸点随之下降 100～125℃。

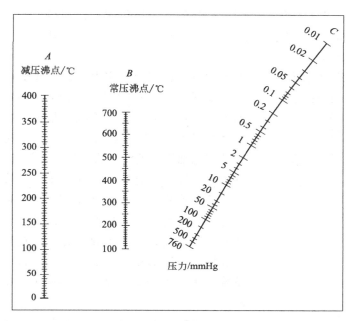

图 2-8　沸点与压力的关系图

（2）当气压在 3332Pa（25mmHg）以下时，压力每降低一半，沸点下降 10℃。

对于具体某个化合物减压到一定程度后其沸点是多少，可以查阅有关资料，但更重要的是通过实验来确定。

2.9.2　减压蒸馏装置

减压蒸馏装置是由减压和蒸馏两大部分组成的。

（1）减压部分

在实验室中，这一部分常作为一个整体装置出现。它还可以分为抽气部分、保护部分和减压部分。

① 抽气部分：实验室中常用水泵或油泵进行减压，更常用的是油泵。

② 保护部分：当用油泵进行减压时，为防止易挥发的有机溶剂、酸性物质和水蒸气进入油泵，必须在馏出液接收器和油泵之间顺次安装冷阱和几种吸收塔，以免污染油泵用油，腐蚀机件。冷阱置于盛有冷却剂的广口保温瓶中。冷却剂的选择视需要而定，可用冰-水、冰-盐、干冰等。吸收塔通常设两个，前一个装无水氯化钙或硅胶，后一个装粒状氢氧化钠。有时为吸除有机溶剂，可再加一个石蜡片吸收塔。

③ 测压部分：通常采用水银压力计来测量减压系统的压力。水银压力计有封闭式和开口式两种。实验中多用简易开口式压力计，体系压力泵柱高度 $\Delta H = h_2 - h_1$。

有时为了方便和安全，采用真空度表，真空度以"mmHg（Torr）"或"kPa、

Pa"为单位时，指的是绝压。当以"MPa"为单位时，指的是弹簧的真空表的表压，例：0.078MPa。则绝压为 0.1MPa－0.078MPa＝0.022MPa。

（2）蒸馏部分

简易减压蒸馏的蒸馏部分需要学生自己安装。它由二口圆底烧瓶、H 型分馏

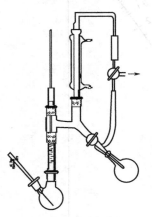

头、温度计、减压毛细管、直形（或球形）冷凝管、温度计套管、空心塞及接收瓶组成。其安装与常压蒸馏装置类似。二口烧瓶正口接 H 型分馏头，侧口装减压毛细管。毛细管的作用是使液体均匀地沸腾。它的顶端接一带有螺旋夹的橡皮管，管中插一细铜丝，毛细管的尖端插入液面下，距烧瓶底 1～2mm为宜。减压毛细管通过橡皮管、温度计套管与二口烧瓶连接。接收瓶选用圆底烧瓶或茄形瓶，不能用平底烧瓶或锥形瓶。冷凝管上口加盖空心塞。减压系统选在 H 型分馏头活塞下部向上的支管上，如图2-9 所示。

图 2-9 简易减压蒸馏装置图

普通的减压蒸馏装置在蒸馏部分和减压部分之间有一只安全瓶，起防护作用，瓶口装有二通活塞。整个仪器装置如图 2-10 所示。

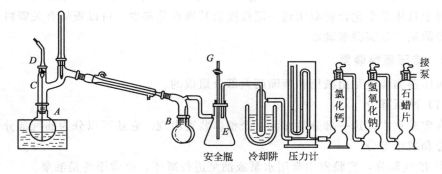

图 2-10 普通减压蒸馏装置图

减压蒸馏时必须注意以下几点。

① 减压蒸馏时，蒸馏瓶和接收瓶均不能使用不耐压的平底仪器（如锥形瓶、平底烧瓶等）和薄壁或有破损的仪器，以防由于装置内处于真空状态，外部压力过大而引起爆炸。

② 减压蒸馏的关键是装置密封性要好，因此在安装仪器时，应在磨口接头处涂抹少量凡士林，以保证装置密封和润滑。温度计一般用一小段乳胶管固定在温度计套管上，根据温度计的粗细来选择乳胶管内径，乳胶管内径略小于温度计直径较好。

③ 仪器安装好后，检查系统是否密封，方法是：a. 泵打开后，将安全瓶上的

放空阀关闭，拧紧毛细管上的螺旋夹，待压力稳定后，观察真空表上的读数是否到了最大值（0.095～0.1MPa）。如果没有，说明系统内漏气，应进行检查。b. 检查方法：首先将真空接收管与安全瓶连接处的橡皮管折起来捏紧，观察真空表的变化，有变化即表示蒸馏部分有漏气点，进一步检查装置，排除漏气点；如果不变，说明自安全瓶以后的系统漏气，应依次检查安全瓶和泵，并加以排除。c. 漏气点排除后，应再重新空试，直至压力稳定并且达到所要求的真空度时，方可进行以下的操作。

④ 被蒸馏物中含有低沸点物质时，应先进行普通蒸馏，然后再进行减压蒸馏。

⑤ 减压蒸馏时，加入待蒸馏液体的量不能超过蒸馏瓶容积的 1/2。

⑥ 待压力稳定后，蒸馏瓶内液体中有连续平稳的小气泡通过。如果气泡太大已冲入 H 型分馏头的支管，则可能有两种情况：一是进气量太大，二是真空度太低。此时，应调节毛细管上的螺旋夹使其平稳进气。由于减压蒸馏时一般液体在较低的温度下就可以蒸出，因此，加热不要太快。当馏头蒸完后转动真空接收管（一般用双股接收管，当要接收多组分馏分时，可采用多股接收管），开始接收馏分，蒸馏速度控制在每秒 1～2 滴。在压力稳定及化合物较纯时，沸程应控制在 1～2℃范围内。

⑦ 减压蒸馏一定要先减压后加热，否则会导致暴沸，而且由于系统中压力低，还会发生泵油倒吸回安全瓶或冷阱的现象。

【实验试剂】

苯甲酸乙酯 10mL。

【实验步骤】

（1）安装仪器　按图 2-10 所示安装减压蒸馏装置，并选择适当的热浴。安装时，蒸馏部分磨口连接要紧密配合，也可在磨口处涂上少量真空脂。

（2）检查装置的气密性　仪器装好后，应空试系统是否密封。

（3）加料　将 10mL 苯甲酸乙酯加入圆底烧瓶中，然后小心插入毛细管。

（4）减压蒸馏　先打开安全瓶活塞，开泵抽气，再慢慢关闭安全瓶活塞，调节毛细管上的螺旋夹，使液体中产生连续而平稳的小气泡。

通入冷凝水，慢慢打开安全瓶上的活塞，调节进气量使真空压力计读数为 0.095～0.090MPa，加热，控制流速为每秒 1～2 滴，当系统达到稳定时，立即记下压力和温度，作为第一组的数据。

移去热源，调节压力为 0.085～0.080MPa、0.075～0.070MPa、0.065～0.060MPa，重复同样操作，记下第二、第三、第四组数据。

（5）停止蒸馏　蒸馏结束后，一定要先移去热源，旋开毛细管上端螺旋夹，再慢慢打开安全瓶活塞，使真空压力计逐渐恢复原状，然后关闭油泵，拆卸仪器。

（6）数据记录与处理　上述数据填入下表，并根据文献值找出相应压力下的沸点温度。

编号	压力/Pa	实际温度 t/℃	理论温度 t/℃
1			
2			
3			
4			

【思考题】

（1）什么是减压蒸馏？有什么实用意义？

（2）如何检查减压系统的气密性？

（3）开始减压蒸馏时，为什么先抽气再加热？结束时为什么先停止加热，再关泵？顺序能否颠倒？为什么？

（4）油泵减压和水泵减压时，是否都需要吸收保护装置？为什么？

2.10　共沸蒸馏

共沸蒸馏又称恒沸蒸馏，主要用于共沸物的分离。共沸物是指在一定压力下，混合液体具有相同沸点的物质。该沸点比纯物质的沸点更低或更高。

2.10.1　基本原理

在共沸混合物中加入第三组分，该组分与原共沸混合物中的一种或两种组分形成沸点比原来组分和原来共沸物沸点更低的、新的具有最低共沸点的共沸物，使组分间的相对挥发度增大，易于用蒸馏的方法分离。这种蒸馏方法称为共沸蒸馏，加入的第三组分称为恒沸剂或夹带剂。

工业上常用苯作为恒沸剂进行共沸精馏制取无水酒精。常用的夹带剂有苯、甲苯、二甲苯、三氯甲烷、四氯化碳等。

2.10.2　共沸蒸馏装置

图 2-11 是实验室常用的共沸蒸馏装置。它是在蒸馏瓶与回流冷凝管之间增加了一根分水器。

2.10.3　共沸基本操作

（1）安装仪器　安装反应装置。

（2）加料　在干燥的圆底烧瓶中加入待分离的试剂和夹带剂。充分振摇，混合均匀。加入 2 粒沸石。安装分水器及回流冷凝管，在分水器放水口一侧预先加水至略低于支管口。

（3）制备　通冷凝水，在油浴上加热回流。时刻注视分水器支管口水面的高度，要不断地从分水器放水口处放出反应生成的水，保持分水器中水层液面高度一直略低于支管口，直至不再有水生成时，分水器中水层液面高度较长时间保持不变，表示反应

图 2-11　共沸
蒸馏装置

完毕。停止加热，记录分出的水量。

（4）精馏　安装常压蒸馏装置蒸出夹带剂，收集所需温度的馏分。

【实验内容】

以苯作为带水剂，纯化 5mL 粗乙酸正丁酯水溶液。

【思考题】

（1）什么叫共沸蒸馏，共沸蒸馏的特点是什么？

（2）比较蒸馏、分馏和共沸蒸馏三个基本操作？

（3）在蒸馏时通常用水浴或油浴加热，它与火直接加热相比有什么优点？

2.11　水蒸气蒸馏

水蒸气蒸馏主要用于蒸馏与水互不混溶、不反应，并且具有一定挥发性 ［一般在近 100℃时，蒸气压不小于 667Pa （5mmHg）］ 的有机化合物。水蒸气蒸馏广泛用于在常压蒸馏时达到沸点后易分解物质的提纯和从天然原料中分离出液体和固体产物。

2.11.1　基本原理

当对一个互不混溶的挥发性混合物进行蒸馏时，在一定温度下，每种液体将显示其各自的蒸气压，当不被另一种液体所影响，它们各自的分压只与各自纯物质的饱和蒸气压有关，即 $p_A = p_A^\circ$，$p_B = p_B^\circ$，而与各组分的摩尔分数无关，其总压为各分压之和，即：

$$p_总 = p_A + p_B = p_A^\circ + p_B^\circ \tag{2-2}$$

由此我们可以看出，混合物的沸点将比其中任何单一组分的沸点都低。在常压下用水蒸气（或水）作为其中的一组，能在低于 100℃ 的情况下将高沸点组分与水一起蒸出来。综上所述，一个由不混溶液体组成的混合物将在比它的任何单一组分（作为纯化合物时）的沸点都要低的温度下沸腾，用水蒸气（或水）充当这种不混溶相之一所进行的蒸馏操作称为水蒸气蒸馏。

水蒸气蒸馏中，两个不混溶液体的混合物在比其中任何单一组分的沸点都低的温度下沸腾，这一行为可用非理想溶液中最低共沸混合物的形成原理来解释。可把不混溶液体的行为看作是由两种流体间的极度不相溶性造成的，两种分子间的引力远远小于同种分子间的引力，使混合物的蒸气压比单一组分蒸气压高，形成了最低共沸混合物，蒸馏时沸点不变，组成一定。

2.11.2　馏出液组成的计算

水蒸气蒸馏时，馏出液两组分的组成由被蒸馏化合物的分子量以及在此温度下两者相应的饱和蒸气压来决定。假如它们是理想气体，则：

$$pV = nRT = \frac{m}{M}RT \tag{2-3}$$

式中　p——蒸气压；

V——气体体积；

m——气相下该组分的质量；

M——纯组分的摩尔质量；

R——气体常数；

T——热力学温度。

气相中两组分的理想气体方程分别表示为：

$$p_水^\circ V_水 = \frac{m_水}{M_水}RT \qquad (2\text{-}4)$$

$$p_B^\circ V_B = \frac{m_B}{M_B}RT \qquad (2\text{-}5)$$

将两式相比得到下式：

$$\frac{p_B^\circ V_B}{p_水^\circ V_水} = \frac{m_B M_水}{m_水 M_B}\frac{RT}{RT} \qquad (2\text{-}6)$$

在水蒸气蒸馏条件下，$V_水 = V_B$ 且温度相等，故上式可改写为：

$$\frac{m_B}{m_水} = \frac{p_B^\circ M_B}{p_水^\circ M_水} \qquad (2\text{-}7)$$

利用混合物的蒸气压与温度的关系可查出沸腾温度下水和组分 B 的蒸气压。例如由溴苯、水及溴苯-水混合物的蒸气压与温度的关系图中我们可以看出，当混合物沸点为 95℃ 时，水的蒸气压为 85.3kPa（640mmHg），溴苯为 16.0kPa（120mmHg），代入式(2-7)得到：

$$\frac{m_{溴苯}}{m_水} = \frac{16 \times 157}{85.3 \times 18} = \frac{2512}{1535.4} = \frac{1.64}{1}$$

此结果说明，虽然在混合物沸点下溴苯的蒸气压低于水的蒸气压，但是，由于溴苯的分子质量大于水的分子质量，因此，在馏出液中溴苯的量比水多，这也是水蒸气蒸馏的一个优点。如果使用过热蒸汽，还可以提高组分在馏出液中的比例。

2.11.3　水蒸气蒸馏装置

水蒸气蒸馏装置一般由水蒸气发生器和简单蒸馏装置组成，如图 2-12 所示。

【实验内容】

分离 0.3g 水杨酸和 5mL 异戊醇的混合物。

【实验步骤】

（1）安装仪器　按图 2-12 所示安装好水蒸气蒸馏装置，注意各仪器连接处不得漏气。圆底烧瓶中加入瓷石。

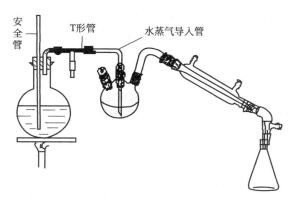

图 2-12　水蒸气蒸馏装置

（2）加料　三口烧瓶中加入 5mL 异戊醇和水杨酸 0.3g，并加入约 5mL 水。

（3）水蒸气蒸馏　通入冷凝水，加热，不久即有浑浊液流入接收器。当馏出液透明澄清时，即可停止蒸馏。

（4）回收产品　趁热将烧瓶中的溶液倒入小烧杯中，冷却后抽滤干燥称重；将蒸馏液中加入饱和食盐水，并将馏出液倒入分液漏斗中静止，分层后，分出有机层，置于小锥形瓶中，加适量干燥无水氯化钙至透明，滤去干燥剂后，蒸馏，收集所需馏分，用量筒量取体积。

【思考题】

（1）水蒸气蒸馏的原理是什么？有什么实用意义？

（2）如何判断水蒸气蒸馏的终点？

（3）安全管和 T 形管有什么作用？

（4）停止水蒸气蒸馏的操作要注意什么？为什么？

2.12　萃取

萃取是实验室常用的一种分离提纯方法。洗涤也是萃取的一种方法，利用此法可将有机化合物中的杂质去除。按萃取两相的不同，萃取可分为液-液萃取、液-固萃取、气-液萃取。在此，我们重点介绍液-液萃取。

2.12.1　基本原理

在欲分离的液体混合物中加入一种与其不溶或部分互溶的液体溶剂，形成两相系统，利用液体混合物中各部分在两相中的溶解度和分配系数的不同，易溶组分较多地进入溶剂相，从而实现混合液的分离［见图 2-13（a）］。

组分在两相之间的平衡关系是萃取过程的热力学基础，它决定过程的方向，是推动力和过程的极限。液-液平衡有两种情况：①萃取剂与原溶液完全不互溶；②萃取剂与原溶液部分互溶。

当萃取剂与原溶液完全不互溶时，溶质 A 在两相间的平衡关系如图 2-13（b）所示。图中纵坐标表示溶质在萃取剂中的质量分数 y，横坐标表示溶质在原溶液中的质量分数 x。图中平衡曲线又称分配曲线。

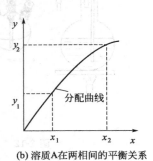

(a) 萃取过程示意图　　　　　　　(b) 溶质A在两相间的平衡关系

图 2-13　萃取过程示意图

由此可以看出，简单萃取过程为：将萃取剂加入到混合液中，使其互相混合，因溶质在两相间的分配未达到平衡，而溶质在萃取剂中的平衡浓度高于其在原溶液中的浓度，于是溶质从混合液向萃取剂中扩散，使溶质与混合液中的其他组分分离，因此，萃取是两相间的传质过程。

溶质 A 在两相间的平衡关系还可以用平衡常数 K 来表示：

$$K = \frac{c_A}{c_B}$$

式中　　c_A——溶质在萃取剂中的浓度；

　　　　c_B——溶质在原溶液中的浓度。

对于液-液萃取，K 通常称为分配系数，可将其近似地看作溶质在萃取剂和原溶液中的溶解度之比。

对于原溶液与萃取剂部分互溶的三元混合物，需用三角形图表示（请参考物理化学及化工原理方面的书籍）。

用萃取方法分离混合液时，混合液中的溶质既可以是挥发性物质，也可以是非挥发性物质（如无机盐类）。

2.12.2　萃取过程的分离效果

萃取过程的分离效果主要表现为被分离物质的萃取率和分离纯度。萃取率为萃取液中被提取的溶质与原溶液中溶质的量之比。萃取率越高，表示萃取过程的分离效果越好。

影响分离效果的主要因素包括：被萃取的物质在萃取剂与原溶液两相之间的平衡关系，在萃取过程中两相之间的接触情况。这些因素都与萃取次数和萃取剂的选择有关。利用分配定律，可算出经过 n 次萃取后在原溶液中溶质的剩余量：

$$m_n = m_0 \left(\frac{KV}{KV+S} \right)^n \tag{2-8}$$

式中　m_n——经 n 次萃取后溶质在原溶液中的剩余量；

　　　m_0——萃取前化合物的总量；

　　　K——分配系数；

　　　V——原溶液的体积；

　　　S——萃取剂的用量；

　　　n——$n=1，2，3，\cdots$

当用一定量溶剂萃取时，希望原溶液中的剩余量越少越好。因为 $KV/(KV+S)$ 总是小于 1，所以 n 越大，m_n 就越小，也就是说将全部萃取剂分为多次萃取比一次全部用完萃取效果要好。例如：在 100mL 水中含有 4g 正丁酸的溶液，在 15℃时用 100mL 苯萃取，设已知在 15℃时正丁酸在水和苯中的分配系数 $K=1/3$，下面计算用 100mL 苯一次萃取和 100mL 苯分三次萃取的结果。

一次萃取后正丁酸在水中的剩余量为：

$$m_1 = 4 \times \frac{1/3 \times 100}{1/3 \times 100 + 100} \mathrm{g} = 1.00 \mathrm{g}$$

分三次萃取后正丁酸在水中的剩余量为：

$$m_3 = 4 \times \left(\frac{1/3 \times 100}{1/3 \times 100 + 100} \right)^3 \mathrm{g} = 0.5 \mathrm{g}$$

从上面的计算可以看出，用 100mL 苯一次萃取可以得到 3.0g 的正丁酸，占总量的 75%，分三次萃取后可得到 3.5g，占总量的 87.5%。当萃取剂总量不变时，萃取次数增加，每次用萃取剂的量就要减小。当 $n>5$，n 和 S 这两种因素的影响几乎抵消。再增加萃取次数，$m_n/(m_n+1)$ 的变化很小。所以一般同体积溶剂分为 3～5 次萃取即可。但是，上式只适用于萃取剂与原溶液不互溶的情况，对于萃取剂与原溶液部分互溶的情况，只能给出近似的预测结果。

2.12.3　萃取剂的选择

溶剂对萃取分离效果的影响很大，选择时应注意考虑以下几个方面。

(1) 分配系数　被分离物质在萃取剂与原溶液两相间的平衡关系是选择萃取剂首先应考虑的问题。分配系数 K 的大小对萃取过程有着重要的影响，分配系数 K 大，表示被萃取组分在萃取相的组成高，萃取剂用量少，溶质容易被萃取出来。

(2) 密度　在液-液萃取中两相间应保持一定的密度差，以利于两相的分层。

(3) 界面张力　萃取体系的界面张力较大时，细小的液滴比较容易聚结，有利于两相的分离。但是界面张力过大时，液体不易分散，难以使两相很好地混合；界面张力过小时，液体易分散，但是易产生乳化现象，使两相难以分离。因此，应从界面张力对两相混合与分层的影响来综合考虑，一般不宜选择界面张力过小的萃取剂。常用体系界面张力的数值可在文献中找到。

（4）黏度　萃取剂黏度低，有利于两相的混合与分层，因而黏度低的萃取剂对萃取有利。

（5）其他　萃取剂应具有良好的化学稳定性，不易分解和聚合，一般选择低沸点溶剂，萃取剂容易与溶质分离和回收。毒性、易燃易爆性、价格等应加以考虑。

一般选择萃取剂时，难溶于水的物质用石油醚作萃取剂，较易溶于水的物质用苯或乙醚作萃取剂，易溶于水的物质用乙酸乙酯或类似的物质作萃取剂。常用的萃取剂有乙醚、苯、四氯化碳、石油醚、氯仿、二氯甲烷、乙酸乙酯等。

2.12.4　萃取操作方法

萃取常用的仪器是分液漏斗。使用前应先检查下口活塞和上口塞子是否有漏液现象。在活塞处涂少量凡士林，旋转几圈将凡士林涂均匀。在分液漏斗中加入一定量的水，将上口塞子盖好，上下摇动分液漏斗中的水，检查是否漏水，确定不漏后再使用。

将待萃取的原溶液倒入分液漏斗中，再加入萃取剂（如果是洗涤应先将水溶液分离后，再加入洗涤溶液），将塞子塞紧，用右手的拇指和中指拿住分液漏斗，食指压住上口塞子，左手的食指和中指夹住下口管，同时，食指和拇指控制活塞。然后将漏斗平放，前后摇动或作圆周运动，使液体振动起来，两相充分接触。在振动过程中应注意不断放气，以免萃取或洗涤时，内部压力过大，造成漏斗的塞子被顶开，使液体喷出，严重时会引起漏斗爆炸，造成伤人事故。放气时，将漏斗的下口向上倾斜，使液体集中在下面，用控制活塞的拇指和食指打开活塞放气，注意不要对着人，一般振动两三次就放一次气。经几次摇动放气后，将漏斗放在铁架台的铁圈上，将塞子上的小槽对准漏斗上的通气孔，静止 3～5min。待液体分层后将萃余相（即水相）分出，上层萃取相（即有机相）倒入一个干燥好的锥形瓶中，萃余相（水相）再加入新萃取剂继续萃取。重复以上操作过程，萃取完后，合并萃取相，加入干燥剂进行干燥。干燥后，先将低沸点的物质和萃取剂用简单蒸馏的方法蒸出，然后视产品的性质选择合适的纯化手段。萃取操作过程示意如图 2-14 所示。

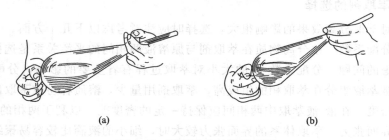

(a)　　　　　　　　　　　　(b)

图 2-14　萃取操作过程示意图

当被萃取的原溶液量极少时，可采取微量萃取技术进行萃取（见图 2-15）。取一支离心分液管放入原溶液和萃取剂，盖好盖子，用手摇动分液管或用滴管向液体中鼓气，使液体充分接触，并注意随时放气。静止分层后，用滴管将萃取相吸出，在萃余相中加入新的萃取剂继续萃取。以后的操作如前所述。

在萃取操作中应注意以下几个问题：

（1）分液漏斗中的液体不易太多，以免摇动时影响液体接触而使萃取效果下降。

（2）液体分层后，下层液体由下口经活塞放出，上层液体由上口倒出，以免污染产品。

（3）在溶液呈碱性时，常产生乳化现象。有时由于存在少量轻质沉淀、两液相密度接近、两液相部分互溶等都会引起分层不明显或不分层。此时，静止时间应长一些，或加入一些食盐，增加两相的密度，使絮状物溶于水中，迫使有机物溶于萃取剂中；或加入几滴酸、碱、醇等，以破坏乳化现象。如上述方法不能将絮状物破坏，在分液时，应将絮状物与萃余相（水层）一起放出。

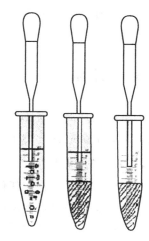

图 2-15　微量萃取法

（4）液体分层后应正确判断萃取相（有机相）和萃余相（水相），一般根据两相的密度来确定，密度大的在下面，密度小的在上面。如果一时判断不清，应将两相分别保存起来，待弄清后，再弃掉不要的液体。

【实验内容】

用乙醚萃取 3.5mL 醋酸水溶液中的醋酸。

【实验步骤】

（1）准备　选择较萃取剂和被萃取剂溶液体积大一倍以上的分液漏斗，检查分液漏斗的盖子和旋塞是否严密。

（2）加料　将被萃取溶液和萃取剂分别由分液漏斗的上口倒入，盖好盖子。

（3）振荡　振荡分液漏斗，使两相液层充分接触。

（4）放气　振荡后，使分液漏斗仍保持倾斜状态，旋开旋塞，放出蒸气或产生的气体，使内外压力相等。

（5）重复振荡　再振荡和放气数次。

（6）静置　将分液漏斗放在铁环中，静置。

（7）分离　液体分成清晰的两层后，就可进行分离，分离液层时，下层液体应经旋塞放出，上层液体应从上口倒出。

（8）合并萃取液　分离出的被萃取液再按上述方法进行萃取，一般 3～5 次。将所有的萃取液合并，加入适量的干燥剂进行干燥。

（9）蒸馏　将干燥好的萃取液加到圆底烧瓶中，蒸去溶剂得到萃取产物。

【思考题】

（1）什么是萃取？液-液萃取操作的分离依据是什么？

(2) 萃取与蒸馏均可用于混合液体的分离，什么情况下采用萃取操作更为合适？

(3) 什么是分配系数？分配系数与哪些因素有关？分配系数大小对萃取效果有何影响？

2.13 重结晶

重结晶是提纯固体化合物的一种重要方法，它适用于产品的杂质性质差别较大，产品中杂质含量小于 5% 的体系。

2.13.1 基本原理

固体有机化合物在任何一种溶剂中的溶解度均随温度的变化而变化，一般情况下，当温度升高时，溶解度增加，温度降低时，溶解度减小。可利用这一性质，使化合物在较高温度下溶解，在低温下结晶析出。由于产品与杂质在溶剂中的溶解度不同，可以通过过滤将杂质去除，从而达到分离提纯的目的。由此可见，选择合适的溶剂是重结晶操作中的关键。

2.13.2 重结晶溶剂的选择

(1) 单一溶剂的选择

根据"相似相溶"原理，通常极性化合物易溶于极性溶剂中，非极性化合物易溶于非极性溶剂中。借助于文献可以查出常用化合物在溶剂中的溶解度。在选择时应注意以下几个问题。

① 所选择的溶剂应不与产物（即被提取物）发生化学反应。

② 产物在溶剂中的溶解度随温度变化越大越好，即在温度高时，溶解度越大越好，在温度低时溶解度越小越好，这样才能保证有较高的回收率。

③ 杂质在溶剂中要么溶解度很大，冷却时不会随晶体析出，仍然留在母液（溶剂）中，过滤时与母液一起去除；要么溶解度很小，在加热时不被溶解，在热过滤时将其去除。

④ 所用溶剂沸点不宜太高，应易挥发，易与晶体分离。一般溶剂的沸点应低于产物的熔点。

⑤ 所选溶剂还应具有毒性小，操作比较安全，价格低廉等优点。

如果在文献中找不出合适的溶剂，应通过实验选择溶剂。其方法是：取 0.1g 的产物放入一支试管中，滴入 1mL 溶剂，振荡下观察产物是否溶解，若不加热很快溶解，说明产物在此溶剂中的溶解度太大，不适合作此产物重结晶的溶剂；若加热至沸腾还不溶解，可补加溶剂，当溶剂用量超过 4mL 产物仍不溶解时，说明此溶剂也不适宜。如所选择的溶剂能在 1~4mL、溶剂沸腾的情况下使产物全部溶解，并在冷却后能析出较多的晶体，说明此溶剂适合作为此产物重结晶的溶剂。实验中应同时选用几种溶剂进行比较。重结晶常用的单一溶剂如表 2-6 所示。有时很难选择到一种较为理想的单一溶剂，这时应考虑选用混合溶剂。

表 2-6　重结晶常用的单一溶剂

名　称	沸点/℃	密度/(g/cm³)	在水中的溶解度	名　称	沸点/℃	密度/(g/cm³)	在水中的溶解度
水	100	1		环己烷	80.8	0.78	不溶
甲醇	65	0.79	溶	二氧六环	101.3	1.06	溶
乙醇	78	0.79	溶	二氯甲烷	40.8	1.34	微溶
异丙醇	82.5	0.79	溶	1,2-二氯乙烷	83.8	1.24	微溶
四氢呋喃	66	0.89	溶	氯仿	61.2	1.49	不溶
丙酮	56.2	0.79	溶	四氯化碳	76.8	1.59	不溶
冰乙酸	117.9	1.05	溶	硝基甲烷	101.2	1.14	溶
乙醚	34.5	0.71	溶	甲乙酮	79.6	0.81	溶
石油醚	30～60	0.64	不溶	乙腈	81.6	0.78	溶
乙酸乙酯	77.1	0.90	7.9%	己烷	69	0.66	不溶
苯	80.1	0.88	不溶	戊烷	36	0.63	不溶
甲苯	110.6	0.87	不溶				

（2）混合溶剂的选择

混合溶剂一般由两种能以任何比例混溶的溶剂组成。其中一种溶剂对产物的溶解度较大，称为良溶剂；另一种溶剂则对产物的溶解度很小，称为不良溶剂。操作时先将产物溶于沸腾或接近沸腾的良溶剂中，滤掉不溶杂质或经脱色后的活性炭，趁热在滤液中滴加不良溶剂，至滤液变浑浊为止，再加热或滴加良溶剂，使滤液变得清亮，放置冷却，使结晶全部析出。如果冷却后析出油状物，需要调整两溶剂的比例，再进行实验，或另换一对溶剂。有时也可以将两种溶剂按比例预先混合好，再进行重结晶。一些重结晶常用的混合溶剂有：水-乙醇、水-丙醇、水-乙酸、乙醚-丙酮、乙醇-乙醚-乙酸乙酯、甲醇-水、甲醇-乙醚、甲醇-二氯乙烷、氯仿-醇、石油醚-苯、石油醚-丙酮、氯仿-醚、苯-乙醇（当使用苯-乙醇混合溶剂时，是指苯-无水乙醇，因为苯与含水乙醇不能任意混溶，在冷却时会引起溶剂分层）。

2.13.3　重结晶的操作方法

重结晶操作过程为：饱和溶液的制备→ 脱色→ 热过滤→ 冷却结晶→ 洗涤抽滤→ 结晶的干燥。

（1）饱和溶液的制备

这是重结晶操作过程的关键步骤。其目的是用溶剂充分分散产物和杂质，以利于分离提纯。一般用锥形瓶或圆底烧瓶来溶解固体。若溶剂易燃或有毒时，应装回流冷凝管。加入沸石和已称量好的粗产品，先加少量溶剂，然后加热使溶液沸腾或接近沸腾，边滴加溶剂边观察固体溶解情况，使固体刚好全部溶解，停止滴加溶剂，记录溶剂用量。再加入 20% 左右的过量溶剂，主要是为了避免溶剂挥发和热过滤时因温度降低，使晶体过早地在滤纸上析出而造成的产品损失。溶剂用量不易太多，太多会造成结晶析出太少或根本析不出来，此时，应将多余的溶剂蒸发掉，再冷却结晶。有时，总有少量固体不能溶解，应将热溶液倒出或过滤，在剩余物中再加入溶剂，观察是否能溶解，如加热后慢慢溶解，说明此产品需要加热较长时间才能全部溶解。如仍不溶解，则视为杂质去除。

（2）脱色

粗产品中常有一些有色杂质不能被溶剂去除，因此，需要用脱色剂来脱色。最常用的脱色剂是活性炭，它是一种多孔物质，可以吸附色素和树脂状杂质，但同时它也可以吸附产品，因此加入量不宜太多，一般为粗产品质量的 5％。具体方法：待上述热的饱和溶液稍冷却后，加入适量的活性炭摇动，使其均匀分布在溶液中，加热煮沸 5～10min 即可。注意千万不能在沸腾的溶液中加入活性炭，否则会引起暴沸，使溶液冲出容器造成产品损失。

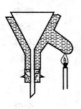

图 2-16　常压
热过滤装置

（3）热过滤

其目的是去除不溶性杂质。为了尽量减少过滤过程中晶体的损失，操作时应做到：仪器热、溶液热、动作快。为了做到"仪器热"，应事先将所用仪器用烘箱或气流烘干器烘热待用。热过滤有两种方法，即常压热过滤（重力过滤）和减压热过滤（抽滤）。常压热过滤装置如图 2-16 所示。

普通漏斗也可以用铁圈架在铁架台上，下面可用电热套保温。为了保证过滤速度快，经常采用折叠滤纸，滤纸的折叠方法如图 2-17 所示。

将滤纸对折，然后再对折成四份，即将 2 与 3 对折成 4，1 与 3 对折成 5，如图中（a）所示；2 与 5 对折成 6，1 与 4 对折成 7，如图中（b）所示；2 与 4 对折成 8，1 与 5 对折成 9，如图中（c）所示。这时，折好的滤纸边全部向外，角全部向里，如图中的（d）所示；再将滤纸反方向折叠，相邻的两条边对折即可得到图中（e）所示的形状；然后将图（f）所示的 1 和 2 向相反的方向折叠一次，可以得到一个完好的折叠滤纸，如图中（g）所示。在折叠过程中应注意：所有折叠方向要一致，滤纸中央部位不要用力折，以免破裂。

热过滤时动作要快，以免液体或仪器冷却后，晶体过早地在漏斗中析出，如发生此现象，应用少量热溶剂洗涤，使晶体溶解进入到滤液中。如果晶体在漏斗中析出太多，应重新加热溶解再进行热过滤。

减压热过滤的优点是过滤快，缺点是当用沸点低的溶剂时，因减压会使热溶剂蒸发或沸腾，导致溶液浓度变大，晶体过早析出。减压热过滤装置如图 2-18 所示。

（4）冷却结晶

冷却结晶是使产物重新形成晶体的过程，其目的是进一步与溶解在溶剂中的杂质分离。将上述热的饱和溶液冷却后，晶体可以析出，当冷却条件不同时，晶体析出的情况也不同。为了得到性质好、纯度高的晶体，在结晶析出的过程中应注意以

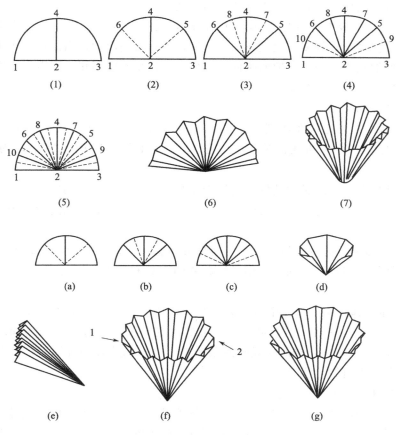

图 2-17　滤纸的折叠方法

下几点。

① 应在室温下慢慢冷却至有固体出现时，再用冷水或冰进行冷却，这样可以保证晶体形状好，颗粒大小均匀，晶体内不含杂质和溶剂。否则，当冷却太快时会使晶体颗粒太小，晶体表面易从液体中吸附更多的杂质，加大洗涤的困难。当冷却太慢时，晶体颗粒有时太大（超过 2mm），会将溶液夹带在里边，给干燥带来一定的困难。因此，控制好冷却速度是晶体析出的关键。

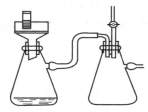

图 2-18　减压热过滤装置

② 在冷却结晶过程中，不宜剧烈摇动或搅拌，这样会造成晶体颗粒太小。当晶体颗粒超过 2mm 时，可稍微摇动或搅拌几下，使晶体颗粒大小趋于平均。

③ 有时滤液已冷却，但晶体还未出现，可用玻璃棒摩擦瓶壁促使晶体形成，或取少量溶液，使溶剂挥发得到晶体，将该晶体作为晶种加入到原溶液中，液体中一旦有了晶种或晶核，晶体将会逐渐析出。晶种的加入量不宜过多，而且加入后不

要搅动，以免晶体析出太快，影响产品的纯度。

④ 有时从溶液中析出的是油状物，此时，更深一步的冷却可以使油状物成为晶体析出，但含杂质较多。应重新加热溶解，然后慢慢冷却，当油状物析出时，剧烈搅拌可使油状物在均匀分散的条件下固化，如还是不能固化，则需要更换溶剂或改变溶剂用量，再进行结晶。

（5）抽滤和洗涤

抽滤的目的是将留在溶剂（母剂）中的可溶性杂质与晶体（产品）彻底分离。其优点是：过滤和洗涤速度快，固体与液体分离得比较完全，固体容易干燥。

抽滤装置采用减压过滤装置。具体操作与减压热过滤大致相同，所不同的是仪器和流体都应该是冷的，所收集的是固体而不是流体。在晶体抽滤过程中应注意如下几点。

① 在转移瓶中的残留晶体时，应用母液转移，不能用新的溶剂转移，以防溶剂将晶体溶解，造成产品损失。用母液转移的次数和每次母液的用量都不宜太多，一般2～3次即可。

② 晶体全部转移至漏斗中后，为了将固体中的母液尽量抽干，用玻璃钉和瓶塞挤压晶体。当母液抽干后，将安全瓶上的放空阀关闭，将溶剂抽干同时进行挤压。这样反复2～3次，将晶体吸附的杂质洗干净。晶体抽滤洗涤后，将其倒入表面皿或培养皿中进行干燥。

（6）晶体的干燥

为了保证产品的纯度，需要将晶体进行干燥，把溶剂彻底去除。当使用的溶剂沸点比较低时，可在室温下使溶剂自然挥发达到干燥的目的。当使用的溶剂沸点比较高（如水）而产品又不易分解和升华时，可用红外灯烘干。当产品易吸水和吸水后易发生分解时，应用真空干燥器进行干燥。

【实验内容】　粗苯甲酸的纯化

【实验步骤】

称取3g粗苯甲酸，放入100mL烧杯中，加入80mL水和2～3粒沸石。在石棉网上加热至沸腾，并用玻璃棒不断搅拌，使固体溶解。这时若尚有未溶解固体，可继续加入少量热水，直至全部溶解为止。移去火源，稍冷后加入少许活性炭（约样品量的1%～5%），稍加搅拌后继续加热微沸5～10min。

将一无颈漏斗事先倒置于水浴上以蒸汽预热，过滤时趁热安装仪器，于漏斗中放一预先折叠好的折叠滤纸（折叠方法见图2-17），并用少量热水润湿。将上述热溶液通过折叠滤纸迅速滤入锥形瓶中。每次倒入漏斗中的液体不要太满，也不要等溶液全部滤完后再加。在过滤过程中应保持溶液的温度。为此将未过滤的部分继续用小火加热，以防冷却。待所有溶液过滤完毕后，用少量热水洗涤烧杯和滤纸。

滤毕，用表面皿将盛滤液的烧杯盖好，放置一旁，稍冷后，用冷水冷却以使结晶完全。如要获得较大颗粒的结晶，可在滤完后将滤液中析出的结晶重新加热使之溶解，于室温下放置，让其慢慢冷却。

结晶完成后，用布氏漏斗进行抽滤（滤纸用少量冷水润湿，吸紧），使结晶和母液分离，并用玻璃塞挤压，使母液尽量除去。拔下抽滤瓶上的橡皮管，停止抽气。加少量冷水至布氏漏斗中，使晶体润湿，然后重新抽干，如此重复 1～2 次。最后将结晶移置于一表面皿上，在空气中晾干或在干燥器中干燥。

【思考题】

（1）设有一化合物极易溶解在热乙醇中，难溶于冷乙醇或水中。问对此化合物应怎样进行重结晶？

（2）在使用布氏漏斗过滤之后洗涤产品的操作中，要注意哪些问题？如滤纸大于布氏漏斗底面时，会有什么不好的地方？停止抽滤前，如不先拔除橡皮管就关住水阀，会有什么问题产生？请你用水作样品试一试上述操作，结果如何？从这里应该吸取什么教训？

（3）如何证明重结晶后的产品的纯度？

（4）你认为做重结晶提纯时应注意哪些问题？

2.14　升华

升华是固体化合物提纯的又一种手段。由于不是所有固体都具有升华性质，因此，它只适用于以下情况：①被提纯的固体化合物具有较高的蒸气压，在低于熔点时，就可以产生足够的蒸气，使固体不经过熔融状态直接变为气体，从而达到分离的目的；②固体化合物中杂质的蒸气压较低，有利于分离。

升华的操作比重结晶要简便，纯化后产品的纯度较高。但是产品损失较大，时间较长，不适合大量产品的提纯。

2.14.1　基本原理

升华是利用固体混合物的蒸气压或挥发度不同，将不纯净的固体化合物在熔点温度以下加热，利用产物蒸气压高，杂质蒸气压低的特点，使产物不经过液体过程而直接气化，遇冷后固化，而杂质则不发生这个过程，达到分离固体混合物的目的。

一般来说，具有对称结构非极性化合物，其电子云密度分布比较均匀，偶极矩较小，晶体内部静电引力小。因此，这种固体都具有蒸气压高的性质。为进一步说明问题，我们来考察图 2-19 所示的某物质的三相平衡图。图中的三条曲线将图分为三个区域，每个区域代表物质的一相。由曲线上的点可读出两相平衡时的蒸气压。例如：GS 表示固相与气相平衡时固相的蒸气压曲线；SY 表示液相与气相平衡时液相的蒸气压曲线；SV 表示固相与液相的平衡曲线。S 为三条曲线的交点，也是物质的三相平衡点，在此状态下物质的气、液、固三相共存。由于不同物质的

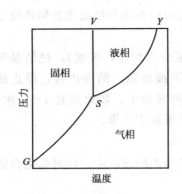

图 2-19　物质的三相平衡图

液态、固态与平衡态对应的温度不同，因此，不同的化合物三相点是不相同的。从图中可以看出，在三相点以下，物质处于气固两相的状态，因此，升华都在三相点温度以下进行，即在固体的熔点以下进行。固体的熔点可以近似地看作是物质的三相点。

与液体化合物的沸点相似，当固体化合物的蒸气压等于外界所施加固体化合物表面压力相等时，该固体化合物开始升华，此时的温度为该固体化合物的升华点。在常压下不易升华的物质，可利用减压进行升华。

2.14.2　升华操作

（1）常压操作

常用的常压升华装置如图 2-20 所示。图中（a）是实验室常用的常压升华装置。将被升华的固体化合物烘干，放入蒸发皿中，铺匀。取一大小合适的锥形漏斗，将颈口处用少量棉花堵住，以免蒸气外逸，造成产品损失。选一张略大于漏斗底口的滤纸，在滤纸上扎一些小孔后盖在蒸发皿上，用漏斗盖住。为使加热均匀，蒸发皿宜放在铁圈上，下面垫石棉网小火加热（蒸发皿和石棉网之间宜隔开几毫米蒸发皿），控制加热温度（低于三相点）与加热速度（慢慢升华）。样品开始升华，蒸气通过滤纸上升至漏斗中时，可以看出滤纸和漏斗壁上有晶体出现。如晶体不能及时析出，可在漏斗外面用湿布冷却，但不要弄湿滤纸。升华结束后，先移去热源，稍冷后，小心拿下漏斗，轻轻揭开滤纸，将凝结在滤纸正反两面和漏斗壁上的晶体刮倒在干净的表面皿上。当升华量较大时，可用图（b）所示装置分批进行升华。当需要通入空气或惰性气体进行升华时，可用图（c）所示装置。

（2）减压升华

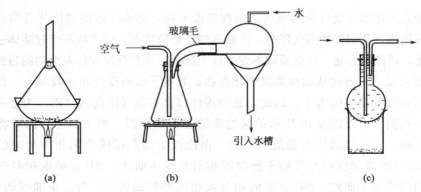

图 2-20　常压升华装置

减压升华的装置如图 2-21 所示。将样品放入吸滤管（或瓶）中，在吸滤管中放入"指形冷凝器"，接通冷凝水，抽气口与水泵连接好，打开水泵，关闭安全瓶上的放空阀，进行抽气。将此装置放入电热套或水浴中加热，使固体在一定压力下升华。冷凝后的固体将凝聚在"指形冷凝器"的底部。升华结束后，应慢慢使体系接通大气，以免空气突然冲入而把冷凝指上的晶体吹落，在取出冷凝指时也要小心。

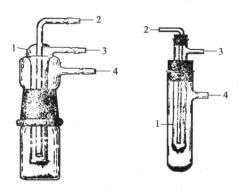

图 2-21　减压升华的装置

1—冷凝指；2—进冷水；3—引入下水道；4—接减压泵

【升华操作注意事项】

（1）升华温度一定要控制在固体化合物熔点以下。

（2）被升华的固体化合物一定要干燥，如有溶剂将会影响升华后固体的凝结。

（3）滤纸上的孔应尽量大一些，以便蒸气上升时顺利通过滤纸，在滤纸的上面和漏斗中结晶，否则将会影响晶体的析出。

（4）减压升华停止抽滤时一定要先打开安全瓶上的放空阀，再关泵。否则，循环泵内的水会倒吸入吸滤管中，造成实验失败。

【实验内容】

茶叶中咖啡因的提取。

【实验步骤】

（1）称取 1.5g 茶叶末用 10mL 乙醇反复碾磨，滤去茶叶渣，称取 1.5g CaO 研成粉末，拌入残留物中形成茶砂，在红外灯下炒干，注意温度，不要把液体溅到红外灯上。

（2）把预先研碎干燥好的待升华物质平铺在蒸发皿中。

（3）用一张穿有很多小孔的滤纸把三角玻璃漏斗包起来，再把该漏斗倒盖在蒸发皿上。漏斗颈部塞一团疏松的脱脂棉（或玻璃棉），以防蒸气溢出损失。

（4）可以把蒸发皿放在电热套中，也可以放在砂浴中，缓慢加热，把温度计水银球部分置于蒸发皿底部靠近样品的部位，以参照蒸发皿的温度。

（5）从漏斗壁或滤纸空上下观察升华后的结晶，漏斗外靠空气冷却，必要时用湿布冷却，以利于蒸气凝固。

【思考题】

(1) 具有什么条件的物质才能用升华的方法提纯？

(2) 升华操作的关键是什么？

(3) 本实验用 CaO 的作用是什么？

2.15　色谱分离技术

色谱法是分离、纯化和鉴定有机化合物的重要方法之一。

色谱法的基本原理是利用混合物各组分在某一物质中的吸附或溶解性能（即分配）的不同，或其他亲和作用的差异，使混合物的溶液流经该种物质，进行反复的吸附或分配等作用，从而将各组分分开。

色谱法有两种不同的相：一种是固定相，即固定的物质（可以是固体或液体）；另一种是流动相，即流动的混合物溶液或气体。根据组分在固定相中的作用原理不同，可分为吸附色谱、分配色谱、离子交换色谱等。根据操作条件的不同，色谱法可分为柱色谱、纸色谱、薄层色谱、气相色谱和高效液相色谱等类型。毛细管电泳作为 20 世纪 80 年代迅速发展起来的一种新型的电泳与色谱结合的分离分析技术，亦列入色谱法部分作介绍。

色谱法的分离效果远比分馏、重结晶等一般方法好，特别适用于少量（和微量）物质的处理。近年来，这一方法在化学化工、生物学、医学中得到了普遍应用。它解决了如天然色素、蛋白质、氨基酸、生物代谢、激素和稀土元素的分离和分析。

2.15.1　薄层色谱

薄层色谱又称薄层层析（thin layer chromatography）。

(1) 薄层板的制备

实验室最常用的是湿法制板。取 2g 硅胶 G 加入 5～7mL 0.7% 的羧甲基纤维素钠水溶液中，调成糊状。将糊状硅胶均匀地倒在三块载玻片上，先用玻璃棒铺平，然后用手轻轻振动至平。大量铺板或铺较大板时，也可使用涂布器。

薄层板制备的好与坏直接影响色谱分离的效果，在制备过程中应注意：

① 铺板时，尽可能将吸附剂铺均匀，不能有气泡或颗粒等；

② 铺板时，吸附剂的厚度不能太厚也不能太薄，太厚展开时会出现拖尾，太薄样品分不开，一般厚度为 0.5～1mm；

③ 湿板铺好后，应放在比较平的地方晾干，然后转移至试管架上慢慢地自然干燥，千万不要快速干燥，否则薄层板会出现裂痕。

(2) 薄层板的活化

薄层板经过自然干燥后，再放入烘箱中活化，进一步除去水分。不同的吸附剂及配方，需要不同的活化条件。例如：硅胶一般在烘箱中逐渐升温，在 105～110℃下，加热 30min；氧化铝在 200～220℃下烘干 4h 可得到活性为 Ⅱ 级的薄层板，在 150～160℃下烘干 4h 可得到活性为 Ⅲ～Ⅳ 级的薄层板。当分离某些易吸附的化合物时，可不用活化。

（3）点样

将样品用易挥发溶剂配成 1%～5% 的溶液。在距薄层板的一端 10mm 处，用铅笔轻轻地画一条横线作为点样时的起点线，在距薄层板的另一端 5mm 处，再画一条横线作为展开剂向上爬行的终点线（画线时不能将薄层板表面破坏），如图 2-23 所示。

用内径小于 1mm 干净并且干燥的毛细管吸取少量样品，轻轻触及薄层板的起点线（即点样），然后立即抬起，待溶剂挥发后，再触及第二次。这样点 3～5 次即可，如果样品浓度低可多点几次。在点样时应做到“少量多次”，即每次点的样品量要少一些，点的次数可以多一些，这样可以保证样品点既有足够的浓度点又小。点好样品的薄层板待溶剂挥发后再放入展开缸中进行展开。

（4）展开

在此过程中，选择合适的展开剂是至关重要的。一般展开剂的选择与柱色谱中洗脱剂的选择类似，即极性化合物选择极性展开剂，非极性化合物选择非极性展开剂。当一种展开剂不能将样品分离时，可选用混合展开剂。表 2-7 给出了常见溶剂在硅胶板上的展开能力，一般展开能力与溶剂的极性成正比。混合展开剂的选择请参考柱色谱中洗脱剂的选择。

表 2-7　TLC 常用的展开剂

溶剂名称
戊烷、四氯化碳、苯、氯仿、二氯甲烷、乙醚、乙酸乙酯、丙酮、乙醇、甲醇
极性及展开能力增加
──────────────────────→

展开时，在展开缸中注入配好的展开剂，将薄层板点有样品的一端放展开剂中（注意展开剂液面的高度应低于样品斑点），如图 2-22 所示。在展开过程中，样品

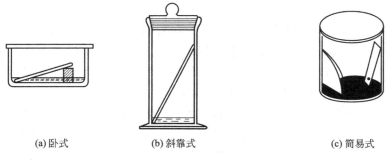

　　(a) 卧式　　　　　　(b) 斜靠式　　　　　　(c) 简易式

图 2-22　几种不同的薄层色谱装置图

斑点随着展开剂向上迁移，当展开剂前沿至薄层板上边的终点线时，立刻取出薄层板。将薄层板上分开的样品点用铅笔圈好，计算比移值。

（5）比移值——R_f 的计算

某种化合物在薄层板上上升的高度与展开剂上升高度的比值称为该化合物的比移值，常用 R_f 来表示：

$$R_f = \frac{样品中某组分移动离开原点的距离}{展开剂前沿距原点中心的距离}$$

图 2-23 给出了某化合物的展开过程及 R_f 值。对于一种化合物，当展开条件相同时，R_f 值是一个常数。因此，可用 R_f 值作为定性分析的依据。但是，由于影响 R_f 值的因素较多，如展开剂、吸附剂、薄层板的厚度、温度等均能影响 R_f 值，因此同一化合物的 R_f 值与文献值会相差很大。在实验中我们常采用的方法是，在一块板上同时点一个已知物和一个未知物进行展开，通过计算 R_f 值来确定是否为同一化合物。

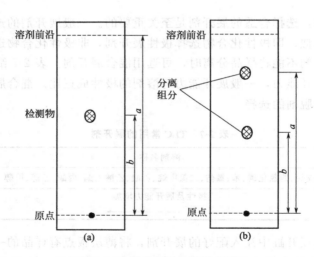

图 2-23 纸或薄层色谱示意图

（6）显色

样品展开后，如果本身带有颜色，可直接看到斑点的位置。但是，大多数有机化合物是无色的，因此，就存在显色的问题。常用的显色方法有：

① 显色剂法　常用的显色剂有碘和三氯化铁水溶液等。许多有机化合物能与碘生成棕色或黄色的络合物。利用这一性质，在一密闭容器中（一般用展开缸即可）放几粒碘，将展开并干燥的薄层板放入其中，稍稍加热，让碘升华，当样品与碘蒸气反应后，薄层板上的样品点处即可显示出黄色或棕色斑点，取出薄层板用铅笔将点圈好即可。除饱和烃与卤代烃外，均可采用此方法。三氯化铁溶液可用于带有酚羟基化合物的显色。

② 紫外光显色法　用硅胶 GF_{254} 制成的薄层板，由于加入了荧光剂，在 254nm 波长的紫外灯下，可观察到暗色斑点，此斑点就是样品点。

以上这些显色方法在柱色谱和纸色谱中同样适用。

【实验内容】

用硅胶 G 自制三块薄层色谱板，分离偶氮苯、对氨基偶氮苯和苏丹红的混合物。

试样：2%偶氮苯、2%对氨基偶氮苯和 2%苏丹红溶液及未知其中两个的混合样。

流动相：无水苯：环己烷=1：3（体积比）。

【思考题】

(1) R_f 值可以解释哪些问题？

(2) 物质的 R_f 值受哪些实验条件的影响？

(3) 层析缸中展开剂高度超过薄层板点样线时对薄层色谱有何影响？

2.15.2　纸色谱

纸色谱属于分配色谱的一种。它的分离作用不是靠滤纸的吸附作用，而是以滤纸作为惰性载体，以吸附在滤纸上的水或有机溶剂作为固定相，流动相是被水饱和过的有机溶剂（展开剂）。利用样品中各组分在两相中分配系数的不同达到分离目的。

纸色谱和薄层色谱一样，主要用于分离和鉴定有机化合物。纸色谱多用于多官能团或高极性化合物如糖、氨基酸等的分离。它的优点是操作简单，价格便宜，所得到的色谱图可以长期保存。缺点是展开时间较长，因为在展开过程中，溶剂的上升速度随着高度的增加而减慢。

图 2-24 给出了几种不同的纸色谱装置，此装置是由展开缸、橡皮塞、钩子组成的。钩子被固定在橡皮塞上，展开时将滤纸挂在钩子上。

纸色谱操作过程与薄层色谱一样，所不同的是薄层色谱需要吸附剂作为固定相，而纸色谱只用一张滤纸，或在滤纸上吸附相应的溶剂作为固定相。在操作和选择滤纸、固定相、展开剂过程中应注意以下几点。

(1) 所选用滤纸的薄厚应均匀，无折痕，滤纸纤维松紧适宜。通常做定性实验时，可采用国产 1 号展开滤纸，滤纸大小可自行选择，一般为 3cm×20cm、5cm×30cm、8cm×50cm 等。

(2) 在展开过程中，将滤纸挂在展开缸内，展开剂液面高度不能超过样品点的高度。

(3) 流动相（展开剂）与固定相的选择，根据被分离物质性质而定。一般规律如下。

① 对于易溶于水的化合物，可直接以吸附在滤纸上的水作为固定相（即直接

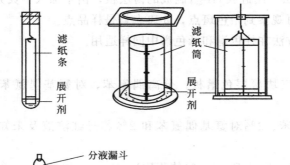

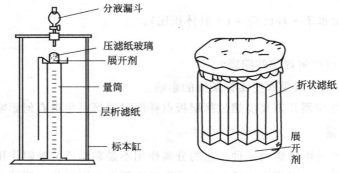

图 2-24　几种不同的纸色谱装置图

用滤纸），以能与水混溶的有机溶剂作流动相，如低级醇类。

② 对于难溶于水的极性化合物，应选择非极性溶剂作为固定相，如甲酰胺、N,N-二甲基甲酰胺等；以不能与固定相相混合的非极性化合物作为流动相，如环己烷、苯、四氯化碳、氯仿等。

③ 对于不溶于水的非极性化合物，应以非极性溶剂作为固定相，如液体石蜡等；以极性溶剂作为流动相，如水、含水的乙醇、含水的酸等。

当一种溶剂不能将样品全部展开时，可选择混合溶剂。常用的混合溶剂有：正丁醇-水，一般用饱和的正丁醇；正丁醇-醋酸-水，可按 4:1:5 的比例配制，混合均匀，充分振荡，放置分层后，取出上层溶液作为展开剂。

【实验内容】

用纸色谱法分离鉴定酒石酸和羟乙酸。

试样：2%酒石酸、2%羟乙酸、混合酸（酒石酸、羟乙酸 2%），均为乙醇溶液。

展开剂：正丁醇-醋酸-水（12:3:5）。

显色剂：0.04%溴酚蓝/乙醇溶液。

【思考题】

(1) 根据酒石酸和羟乙酸的结构，推测哪个 R_f 值大，哪个 R_f 值小，为什么？

(2) 影响纸色谱 R_f 值的因素有哪些？

（3）显色前为什么一定要把色谱纸吹至无酸味？

（4）色谱筒和色谱纸为什么要用展开剂饱和？

2.15.3　柱色谱

2.15.3.1　柱色谱基本原理

柱色谱一般有吸附色谱和分配色谱两种。实验室最常用的是吸附色谱，其原理是利用混合物中各组分在不相混溶的两相（即流动相和固定相）中吸附和解吸的能力不同，也可以说，在两相中的分配不同，当混合物随流动相流过固定相时，发生了反复多次的吸附和解吸过程，从而使混合物分离成两种或多种单一的纯组分。

为了进一步理解色谱原理，这里对柱色谱的分离过程作一简单介绍。常用的吸附剂有氧化铝、硅胶等。将已溶解的样品加入到已装好的色谱柱中，然后，用洗脱剂（流动相）进行淋洗。样品中各组分在吸附剂（固定相）上的吸附能力不同，一般来说，极性大的吸附能力强，极性小的吸附能力相对弱一些。当用洗脱剂淋洗时，各组分在洗脱剂中的溶解度也不一样，因此，被解吸的能力也就不同。根据"相似相溶"原理，极性化合物易溶于极性洗脱剂中，非极性化合物易溶于非极性洗脱剂中。一般是先用非极性洗脱剂进行淋洗。当样品加入后，无论是极性组分还是非极性组分均被固定相吸附（其作用力为范德华力），当加入洗脱剂后，非极性组分由于在固定相（吸附剂）中吸附能力弱，而在流动相（洗脱剂）中溶解度大，首先被解吸出来，被解吸出来的非极性组分随着流动相向下移动与新的吸附剂接触再次被固定相吸附。随着洗脱剂向下流动，被吸附的非极性组分再次与新的洗脱剂接触，并再次被解吸出来随着流动相向下流动。而极性组分由于吸附能力强，且在洗脱剂中溶解度又小，因此不易被解吸出来，随流动相移动的速度比非极性组分要慢得多（或根本不移动）。这样经过一定次数的吸附和解吸后，各组分在色谱柱中形成了一段一段的色带，随着洗脱过程的进行从柱底端流出。每一段色带代表一个组分，分别收集不同的色带，再将洗脱剂蒸发，就可以获得单一的纯净物质。图2-25 给出了色谱分离过程。

2.15.3.2　柱色谱吸附剂的选择

对于柱色谱来说，选择合适的吸附剂作为固定相，是非常重要的，常用的吸附剂有硅胶、氧化铝、氧化镁、碳酸钙和活性炭等。实验室一般使用氧化铝或硅胶，在这两种吸附剂中氧化铝的极性更大一些，它是一种高活性和强吸附的极性物质。通常市售的氧化铝分为中性、酸性和碱性三种。酸性氧化铝适用于分离酸性有机物质；碱性氧化铝适用于分离碱性有机物质、生物碱和烃类化合物；中性氧化铝应用最为广泛，适用于中性物质的分离，如醛、酮、酯、醌等类有机物质。市售的硅胶略带酸性。

由于样品被吸附到吸附剂表面上，因此颗粒大小均匀、比表面积大的吸附剂分离效果最佳。比表面积越大，组分在流动相和固定相之间达到平衡就越快，色带就

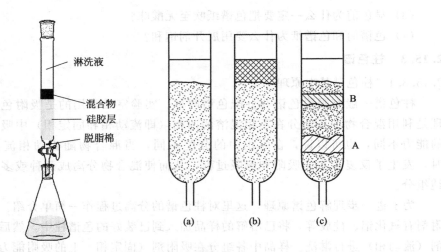

图 2-25　色谱分离过程

越窄。通常使用的吸附剂颗粒大小以 100～150 目为宜。

吸附剂的活性取决于吸附剂的含水量，含水量越高，活性越低，吸附剂的吸附能力越弱；反之则吸附能力越强。吸附剂的含水量和活性等级关系如表 2-8 所示。

表 2-8　吸附剂的含水量和活性等级关系

活性等级	I	II	III	IV	V
氧化铝含水量	0	30%	6%	10%	15%
硅胶含水量	0	5%	15%	25%	38%

注：一般常用 II 级和 III 级吸附剂，I 级吸附性太强，而且易吸水，V 级吸附性太弱。

2.15.3.3　溶质的结构与吸附能力

化合物的吸附性和它们的分子极性成正比，分子极性越强，吸附能力越大，分子中含有极性较大的基团时吸附能力也较强。

2.15.3.4　柱色谱的洗脱剂

在柱色谱分离中，洗脱剂的选择也是一个重要因素。一般洗脱剂的选择是通过薄层色谱实验来确定的。具体方法：先用少量溶解好（或提取出来）的样品，在已制备好的薄层板上点样（具体方法见薄层色谱），用少量展开剂展开，观察各组分点在薄层板上的位置，并计算 R_f 值。哪种展开剂能将样品中各组分完全分开，即可作为柱色谱的洗脱剂。有时，单纯一种展开剂达不到所要求的分离效果，可考虑选用混合展开剂。

选择洗脱剂的另一个原因是：洗脱剂的极性不能大于样品中各组分的极性。否则会由于洗脱剂在固定相上被吸附，迫使样品一直保留在流动相中。在这种情况下，组分在柱中移动非常快，很少有机会建立起分离效果所要达到的化学平衡，影响分离效果。

另外，所选择的洗脱剂必须能够将样品中各组分溶解，但不能同组分竞争与固定相的吸附。如果被分离的样品不溶于洗脱剂，那么各组分可能会牢固地吸附在固定相上，而不随流动相移动或移动很慢。

不同的洗脱剂使给定的样品沿着固定相的相对移动能力，称为洗脱能力，一般来说，在反相色谱中，洗脱能力按以下顺序排列：

在正向色谱中的洗脱能力刚好与之相反。

2.15.3.5　柱色谱实验方法

（1）装柱

装柱前应先将色谱柱洗干净，进行干燥。在柱底铺一小块脱脂棉，再铺约0.5mm厚的石英砂，然后进行装柱。装柱分为湿法装柱和干法装柱两种，下面分别加以介绍。

① 湿法装柱　将吸附剂（氧化铝或硅胶）用洗脱剂中极性最低的洗脱剂调成糊状，在柱内先加入约3/4柱高的洗脱剂，再将调好的吸附剂边敲打边倒入柱中，同时，打开下旋活塞，在色谱柱下面放一个干净并且干燥的锥形瓶或烧杯，接收洗脱剂。当装入的吸附剂有一定高度时，洗脱剂下流速度变慢，待所用吸附剂全部装完后，用流下来的洗脱剂转移残留的吸附剂，并将柱内壁残留的吸附剂淋洗下来。在此过程中，应不断敲打色谱柱，以使色谱柱填充均匀并没有气泡。柱子填充完后，在吸附剂上端覆盖一层约0.5cm厚的石英砂。覆盖石英砂的目的是：a. 使样品均匀地流入吸附剂表面；b. 当加入洗脱剂时，它可以防止吸附剂表面被破坏。在整个装柱过程中，柱内洗脱剂的高度始终不能低于吸附剂最上端，否则柱内会出现裂痕和气泡。

② 干法装柱　在色谱柱上端放一个干燥的漏斗，将吸附剂倒入漏斗中，使其成为一细流连续不断地装入柱中，并轻轻敲打色谱柱柱身，使其填充均匀，再加入洗脱剂湿润。也可以先加入3/4的洗脱剂，然后再倒入干的吸附剂。因为硅胶和氧

化铝的溶剂化作用易使柱内形成缝隙，所以这两种吸附剂不宜使用干法装柱。

（2）样品的加入及色谱带的展开

液体样品可以直接加入到色谱柱中，如浓度低可浓缩后再进行分离。固体样品应先用最少量的溶剂溶解后再加入到柱中。在加入样品时，应先将柱内洗脱剂排至稍低于石英砂表面后停止排液，用滴管沿柱内壁把样品一次加完。在加入样品时，应注意滴管尽量向下靠近石英砂表面。样品加完后，打开下旋活塞，使液体样品进入石英砂层后，再加入少量的洗脱剂将壁上的样品洗下来，待这部分液体进入石英砂层后，再加入洗脱剂进行淋洗，直至所有色带被展开。

样品和吸附剂质量与色谱柱高和直径的关系如表 2-9 所示。

表 2-9　样品和吸附剂质量与色谱柱高和直径的关系

样品质量/g	吸附剂质量/g	色谱柱直径/cm	色谱柱高度/cm
0.01	0.3	3.5	30
0.10	3.0	7.5	60
1.00	50.0	16.0	130
10.00	300.0	35.0	280

色谱带的展开过程也就是样品的分离过程。在此过程中应注意：

① 洗脱剂应连续平稳地加入，不能中断。样品量少时，可用滴管加入。样品量大时，用滴液漏斗作储存洗脱剂的容器，控制好滴加速度，可得到更好的效果。

② 在洗脱过程中，应先使用极性最小的洗脱剂淋洗，然后逐渐加大洗脱剂的极性，使洗脱剂的极性在柱中形成梯度，以形成不同的色带环。也可以分步进行淋洗，即将极性小的组分分离出来后，再改变极性分出极性较大的组分。

③ 在洗脱过程中，样品在柱内的下移速度不能太快，但是也不能太慢（甚至过夜），因为吸附表面活性较大，时间太长会造成某些成分被破坏，使色谱扩散，影响分离效果。通常流出速度为每分钟 5～10 滴，若洗脱剂下移速度太慢，可适当加压或用水泵减压。

④ 当色谱带出现拖尾时，可适当提高洗脱剂极性。

（3）样品中各组分的收集

当样品中各组分带有颜色时，可根据不同的色带用锥形瓶分别进行收集，然后分别将洗脱剂蒸除得到纯组分。但是大多数有机物质是无色的，可采用等分收集的方法，即将收集瓶编好号，根据使用吸附剂的量和样品分离情况来进行收集，一般用 50g 吸附剂，每份洗脱剂的收集体积约为 50mL。如果洗脱剂的极性增加或样品中组分的结构相近时，每份收集量应适当减小。将每份收集液浓缩后，以残留在烧瓶中物质的质量为纵坐标，收集瓶的编号为横坐标绘制曲线图，来确定样品中的组分数。还可以在吸附剂中加入磷光体指示剂用紫外线照射来确定。一般用薄层色谱进行监控是最为有效的方法。

【实验内容】

用中性氧化铝色谱柱分离菠菜色素。

洗脱剂：石油醚：丙酮（9：1）；石油醚：丙酮（7：3）；95％乙醇。

【思考题】

（1）为什么极性大的组分要用极性大的溶剂洗脱？

（2）柱中如有气泡或装填不匀，将会给分离造出什么样的后果，如何避免？

第3章 有机化合物的合成与制备

3.1 无水乙醇的制备

【实验目的】

(1) 了解氧化钙法制备无水乙醇的原理和方法；

(2) 熟练掌握回流装置的安装和使用方法；

(3) 了解无水乙醇的其他制备方法；

(4) 学会检测无水乙醇的方法。

【实验原理】

普通的酒精是含 95.6% 乙醇和 4.4% 水的恒沸混合物，其沸点为 78.15℃，用蒸馏的方法不能将乙醇中的水进一步除去。为了制得乙醇含量为 99.5% 的无水乙醇，实验室中常用最简便的制备方法是生石灰法，即利用生石灰与普通酒精中的水反应生成不挥发、一般加热不分解的熟石灰（氢氧化钙），以得到无水乙醇：

$$CaO + H_2O \longrightarrow Ca(OH)_2$$

为了使反应充分进行，除了可将反应物混合放置过夜外，还可让其加热回流一段时间。制得的无水乙醇（纯度可达 99.5%）用直接蒸馏法收集。这样的无水乙醇已能满足一般实验使用。

若要制得绝对无水乙醇（纯度＞99.95%），则将制得的无水乙醇和金属钠或金属镁进一步处理，除去残余的微量水分即可。

无水乙醇检验方法有：无水 $CuSO_4$ 法、干燥 $KMnO_4$ 法和测折射率法。

【实验试剂及仪器】

试剂：95% 乙醇，CaO，$NaOH$，$CaCl_2$。

仪器：圆底烧瓶，直形冷凝管，球形冷凝管，蒸馏头，接引管，干燥管，锥形瓶等。

【实验装置图】

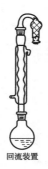
回流装置

蒸流装置

【实验步骤】

（1）安装仪器：安装回流装置。

（2）回流加热除水：在 10mL 的圆底烧瓶中，加入 5mL 95％乙醇，慢慢放入 1g 小颗粒状的生石灰和 0.05g NaOH，回流 0.5h。

（3）蒸馏：回流毕，改为蒸馏装置，接引管支口上接盛有无水氯化钙的干燥管，收集乙醇馏分，注意不可蒸干。

（4）产品检验：取少量蒸得的乙醇加入无水硫酸铜，观察现象。用 95％乙醇做对比实验，并得出结论。

（5）计算产率：所得乙醇量体积，计算产率。

【实验注意事项】

（1）仪器应事先干燥。

（2）接引管支口上应接干燥管。

（3）务必使用颗粒状的氧化钙，切勿用粉末状的氧化钙，否则暴沸严重。

（4）在 CaO 中还应加入少许 NaOH。

【思考题】

（1）回流操作要点有哪些？

（2）制备无水试剂时，应注意哪些事项？为什么在回流装置的顶端和接收器支管上要装上氯化钙干燥管？

（3）用 100mL 工业乙醇（95％）制备无水乙醇时，理论上需氧化钙多少克？

（4）无水氯化钙常作吸水剂，如果用无水氯化钙代替氧化钙制无水乙醇可以吗？为什么？

（5）为什么在制无水乙醇时，不先除去氧化钙等固体混合物，就可以进行蒸馏？

（6）制备无水乙醇时，为何要加少量的氢氧化钠？怎样检验制得的无水乙醇是合格的？

3.2　环己烯的合成

【实验目的】

（1）学习用醇类催化脱水制取烯烃的原理和方法；

（2）掌握蒸馏、分馏及液体干燥等操作技术。

【实验原理】

烯烃是重要的有机化工原料。工业上主要通过石油裂解的方法制备烯烃，有时也利用醇在氧化铝等催化剂存在下进行高温催化脱水来制取。实验室主要用浓硫酸、浓磷酸作催化剂使醇脱水或卤化烃在醇钠作用下脱卤化氢来制备烯烃。

本实验采用浓磷酸作催化剂使环己醇脱水制备环己烯。反应式如下：

$$\text{(环己醇)}\!-\!\text{OH} \xrightarrow{\;\text{H}_3\text{PO}_4\;} \text{(环己烯)} + \text{H}_2\text{O}$$

醇的脱水是在强酸催化下的单分子消除反应。酸使醇烃基质子化，使其易于离去而生成正碳离子，后者失去一个质子，生成烯烃。

【实验试剂及仪器】

试剂：环己醇 2g（2.1mL，约 0.2mol），85％磷酸 1mL，5％ Na_2CO_3 溶液，无水氯化钙，氯化钠。

仪器：圆底烧瓶，微型 H 型分馏头，量筒（5mL 或 10mL），茄形烧瓶，直形冷凝管，球形冷凝管，分液漏斗，锥形瓶等。

【实验装置图】

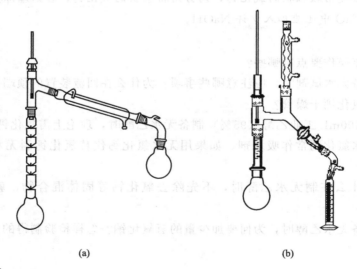

(a)   (b)

【实验步骤】

（1）安装仪器：按图所示用干燥的 5mL 圆底烧瓶安装好分馏装置（a）或（b）。

（2）加料：在干燥的 5mL 圆底烧瓶中加入 2mL 环己醇、1mL 浓磷酸，充分振荡使两种液体混合均匀，投入几粒沸石。

（3）制备：通入冷凝水，在石棉网上小火加热至沸腾。用 10mL 量筒作接收器，置于冰水浴中。慢慢蒸出生成的环己烯和水，控制 H 型分馏头柱顶温度不超过 73℃，当烧瓶中只剩下少量的残渣并出现阵阵白雾时，可停止加热。记下蒸出液中油层和水层的体积。

（4）纯化：将馏出液用饱和食盐水洗涤，分液后，加 2 滴 5％碳酸钠中和微量的酸，倒入分液漏斗中，充分振摇后静置分层。放出下层液体，上层的油层自上口倒入干燥的小锥形瓶中，加入无水氯化钙至溶液澄清，放置干燥 20min 左右，此间应盖好瓶塞并不时振摇。

（5）精馏：安装一套普通蒸馏装置，将干燥后的粗产品小心倒入茄形烧瓶中，注意不要将氯化钙倒入。加入几粒沸石，水浴加热蒸馏。收集 80～85℃ 的馏分，产量约 1g 左右。

【实验注意事项】

（1）环己醇在室温下是黏稠液体（熔点 24℃），量取时体积误差太大，故称其质量。

（2）最好用油浴加热，使反应受热均匀。因为反应中环己烯、环己醇与水可形成二元共沸物：

共沸物	沸点/℃	组成/%（质量）		
		环己烯	环己醇	水
环己烯-水	70.8	90		10
环己烯-环己醇	64.9	69.5	30.5	
环己醇-水	97.8		20	80

所以，温度不可过高，蒸馏速度不宜过快，以 2～3s 1 滴为宜，减少未作用的环己醇蒸出。

（3）加入无水氯化钙放置约 20min 形成澄清液体，就可达到干燥要求。

（4）在蒸馏干燥的粗产物时，蒸馏所用仪器均需干燥无水。

【思考题】

（1）写出醇类酸催化脱水的反应机理。

（2）在粗制的环己烯中，加入食盐使上层饱和的目的是什么？

（3）本实验中哪些仪器必须干燥无水？若仪器中存在大量的水分，对实验有何影响？

（4）在环己烯制备实验中，为什么要控制分馏柱顶温度不超过 73℃？

3.3　1-溴丁烷的制备

【实验目的】

（1）学习由醇制备溴代烃的原理及方法；

（2）练习回流及有害气体吸收装置的安装与操作；

（3）进一步练习液体产品的纯化方法——洗涤、干燥、蒸馏等操作。

【实验原理】

主反应　　　　　$NaBr + H_2SO_4 \longrightarrow HBr + NaHSO_4$

$$C_4H_9OH + HBr \rightleftharpoons C_4H_9Br + H_2O$$

副反应

$$C_4H_9OH \xrightarrow{H_2SO_4} C_2H_5CH{=\!=}CH_2 + H_2O$$

$$2C_4H_9OH \xrightarrow{H_2SO_4} C_4H_9OC_4H_9 + H_2O$$

$$HBr + H_2SO_4 \longrightarrow Br_2 + SO_2 + H_2O$$

本实验主反应为可逆反应，提高产率的措施为 HBr 过量，并用 NaBr 和 H_2SO_4 代替 HBr，边生成 HBr 边参与反应，这样可提高 HBr 的利用率；H_2SO_4 还起到催化脱水的作用。反应中，为防止反应物醇被蒸出，采用了回流装置。由于 HBr 有毒害，为防止 HBr 逸出，污染环境，需安装气体吸收装置。回流后再进行粗蒸馏，一方面使生成的产品 1-溴丁烷分离出来，便于后面的洗涤操作；另一方面，粗蒸过程可进一步使醇与 HBr 的反应趋于完全。

粗产品中含有未反应的醇和副反应生成的醚，用浓 H_2SO_4 洗涤可将它们除去。因为二者能与浓 H_2SO_4 形成镁盐：

$$C_4H_9OH + H_2SO_4 \longrightarrow [C_4H_9\overset{+}{O}H_2]HSO_4^-$$

$$C_4H_9OC_4H_9 + H_2SO_4 \longrightarrow [C_4H_9\overset{+}{O}C_4H_9]HSO_4^-$$
$$\underset{H}{}$$

如果 1-溴丁烷中含有正丁醇，蒸馏时会形成沸点较低的前馏分（1-溴丁烷和正丁醇的共沸混合物沸点为 98.6℃，含正丁醇 13%），而导致精制品产率降低。

【实验试剂及仪器】

试剂：正丁醇 1mL，溴化钠 1.5g，浓硫酸 2.0mL，10% 碳酸钠溶液，无水氯化钙。

仪器：圆底烧瓶，球形冷凝管，直形冷凝管，蒸馏头，接引管，分液漏斗，锥形瓶，漏斗等。

【实验装置图】

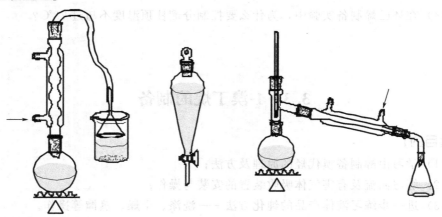

【实验步骤】

在 10mL 圆底烧瓶上安装球形冷凝管，冷凝管的上口接一气体吸收装置，用自来水作吸收液。

在圆底烧瓶中加入 1.0mL 水，并小心缓慢地加入 1.0mL 浓硫酸，混合均匀后冷至室温。再依次加入 1mL 正丁醇、1.5g 无水溴化钠，充分摇匀后加入几粒沸石，装上回流冷凝管和气体吸收装置。用石棉网小火加热至沸，调节火焰使反应物保持沸腾而又平稳回流。由于无机盐水溶液密度较大，不久会分层，上层液体为正溴丁烷，回流约 20min。

反应完成后，待反应液冷却，卸下回流冷凝管，换上 75°弯管，改为蒸馏装置，蒸出粗产品正溴丁烷，仔细观察馏出液，直到无油滴蒸出为止。

将馏出液转入分液漏斗中，用等体积的水洗涤，将油层从下面放入一个干燥的小锥形瓶中，分两次加入 1mL 浓硫酸，每一次都要充分摇匀。如果混合物发热，可用冷水浴冷却。将混合物转入分液漏斗中，静置分层，放出下层的浓硫酸。有机相依次用等体积的水（如果产品有颜色，在这步洗涤时，可加入少量亚硫酸氢钠，振摇几次就可除去）、10％的碳酸钠溶液、水洗涤后，转入干燥的锥形瓶中，加入块状无水氯化钙干燥，间歇摇动锥形瓶，至溶液澄清为止。

将干燥好的产物转入蒸馏瓶中（小心，勿使干燥剂进入烧瓶中），加入几粒沸石，用石棉网加热蒸馏，收集 99～103℃的馏分。

【思考题】

（1）本实验中硫酸的作用是什么？硫酸的浓度对实验有影响吗？

（2）本实验采用什么方法来提高产品的转化率和加快反应速率？

（3）本实验最后蒸馏收集 99～103℃的馏分，如果产品的前馏分较多，可能是什么原因造成的，应如何避免？

3.4　乙酸正丁酯的制备

【实验目的】

（1）学习乙酸正丁酯的制备方法；

（2）掌握共沸蒸馏分水法的原理和油水分离器的使用；

（3）掌握液态有机物的分离提纯方法。

【实验原理】

由冰醋酸与正丁醇在浓磷酸存在下经酯化反应制得乙酸正丁酯。

$$CH_3COOH + n\text{-}C_4H_9OH \underset{}{\overset{H_3PO_4}{\rightleftharpoons}} CH_3COOC_4H_9\text{-}n + H_2O$$

副反应　　　　　　　$$C_4H_9OH \underset{}{\overset{H_2SO_4}{\rightleftharpoons}} C_4H_9OC_4H_9$$

【试剂及实验装置】

试剂：正丁醇 3mL（0.032mol），冰醋酸 2.2mL（0.038mol），磷酸，10%碳酸钠溶液，无水硫酸镁。

实验装置：带分水器的回流装置（圆底烧瓶、分水器、球形冷凝管、直形冷凝管、蒸馏头、温度计、接收管、分液漏斗、锥形瓶、圆底烧瓶）。

【实验装置图】

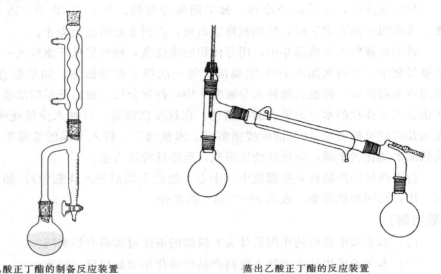

乙酸正丁酯的制备反应装置　　　　　　蒸出乙酸正丁酯的反应装置

【实验步骤】

（1）安装仪器：安装反应装置。

（2）加料：在干燥的 10mL 圆底烧瓶中加入 3mL 正丁醇、2.2mL 冰醋酸和 1 滴磷酸。充分振摇，混合均匀，加入 2 粒沸石。安装分水器及回流冷凝管，在分水器放水口一侧预先加水至略低于支管口，并做好记号。

（3）制备：通冷凝水，在石棉网上小火加热，微沸 20min。再提高温度使反应处于回流状态。要不断地从分水器放水口处放出反应生成的水，保持分水器中水层液面在原来的高度。不再有水生成时，表示反应完毕。停止加热，记录分出的水量。

（4）纯化：冷却后拆卸回流冷凝管，将分水器中的液体和圆底烧瓶中的反应液合并后一起倒入分液漏斗，用 5mL 水洗涤一次，分出水层。用 3mL 10%碳酸钠水溶液洗涤有机层，使有机层 pH 值等于 7。分去水层。再用 5mL 水洗涤一次，分去水层。将有机层倒入一个干燥的小锥形瓶中，用适量无水硫酸镁干燥，摇动，至有机层透明。将干燥后的乙酸正丁酯转移至干燥的圆底烧瓶中，常压蒸馏，收集 124～127℃的馏分。

（5）产品分析：记录产量并计算产率。纯度可测折射率或用气相色谱检查。

【备注】

乙酸正丁酯、水及正丁醇形成二元或三元恒沸液的组成及沸点：

沸点/℃	组成/%		
	丁醇	水	乙酸正丁酯
117.6	67.2		32.8
93	55.5	45.5	
90.7		27	73
90.5	18.7	28.6	52.7

【思考题】

（1）本实验是根据什么原理来提高乙酸正丁酯产率的？

（2）反应中生成的水是怎样分出的？

（3）计算反应完全应分出多少水？

（4）用碳酸钠溶液洗涤需要除去哪些杂质？如果改成氢氧化钠溶液是否可以？为什么？

3.5　乙酸乙酯的制备

【实验目的】

（1）学习乙酸乙酯的制备方法；

（2）了解酯化反应的原理；

（3）掌握常压蒸馏、分液漏斗及滴液漏斗的使用、干燥及干燥剂的使用等操作技术。

【实验原理】

制备酯类最常用的方法是由羧酸和醇直接酯化来合成的。酯化反应是一个可逆反应，而且在室温下反应速率很慢。加热、加酸（硫酸）作催化剂，可使酯化反应速率大大加快。同时为了使平衡向生成物方向移动，可以采用增加反应物羧酸或醇的量，并将反应中生成的水或酯及时地蒸出，或是两者并用。

乙酸乙酯是由乙酸（醋酸）和乙醇在浓硫酸催化下作用制得的：

$$CH_3COOH + C_2H_5OH \underset{}{\overset{H_2SO_4}{\rightleftharpoons}} CH_3COOC_2H_5 + H_2O$$

副反应
$$C_2H_5OH \underset{}{\overset{H_2SO_4}{\rightleftharpoons}} C_2H_5OC_2H_5$$

本实验采用增加反应物乙醇的用量，和不断将反应产物酯和水同时蒸出等措施，使平衡向右移动。

【实验试剂及仪器】

试剂：冰醋酸 3g（2.8mL，0.05mmol），95% 乙醇 3.9g（5mL，0.079mmol），浓硫酸，饱和碳酸钠溶液，饱和食盐水，饱和氯化钙溶液，无水硫酸镁。

仪器：圆底烧瓶（或三口烧瓶），H 型分馏头，分液漏斗，量筒，带柄蒸发皿，蓝色石蕊试纸，滤纸等。

【实验装置图】

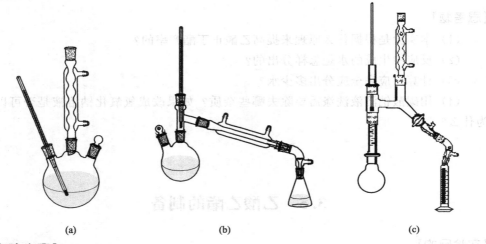

(a)   (b)   (c)

【实验步骤】

（1）安装仪器：按图（a）或（c）安装好反应装置。

（2）加料：在烧瓶中加入 5mL 乙醇和 2.8mL 冰醋酸，然后在振摇下慢慢加入 1mL 浓硫酸，加入几粒沸石。

（3）制备：通入冷凝水，用油浴加热烧瓶，保持油浴温度在 130℃ 左右，持续时间 20～30min，待反应冷却后，取下冷凝管，装上微型蒸馏头，按图（b）安装好蒸馏装置，水浴加热蒸馏，馏出液体积约为反应物总体积的 2/3。控制反应装置（c）柱顶温度为 70～71℃。

（4）纯化：馏出液倒入分液漏斗中，慢慢加入饱和碳酸钠溶液，直到无二氧化碳气体逸出。饱和碳酸钠溶液要小量分批地加入，并要不断地摇动接收器。用石蕊试纸检验酯层，如果酯层仍然显酸性，还需加入碳酸钠溶液，直到酯层不显酸性为止。把混合液倒入分液漏斗中，静置，分去水层，酯层用 3mL 饱和食盐水洗涤，分净后，再用 3mL 饱和氯化钙溶液洗两次。弃去下层废液。酯层从分液漏斗上口倒入干燥的小锥形瓶内，加入适量的无水硫酸镁干燥约 20min，在此期间要盖好瓶塞并间歇振荡锥形瓶。

（5）精馏：将干燥后的粗乙酸乙酯通过长颈漏斗（漏斗上放折叠式滤纸）过滤至干燥的茄形烧瓶中，加入沸石，安装好蒸馏装置，在水浴上加热蒸馏，收集 73～

78℃的馏分。前后馏分分别倒入指定的回收瓶中。

（6）产品分析：产量为约 3g 产品，纯度可通过测定折射率或用气相色谱检查。

纯乙酸乙酯是无色液体，熔点为 $-83.6℃$，沸点为 $77.06℃$，$d_4 = 0.9003$，$n_D = 1.3723$，15℃时水中溶解度为 8.5g。

【备注】

乙酸乙酯、水及乙醇形成二元或三元恒沸液的组成及沸点：

沸点/℃	组成/%		
	乙酸乙酯	水	乙醇
70.4	91.9	8.1	
71.8	69.0		31.0
70.2	82.6	9.0	8.4

【思考题】

（1）为什么使用过量的乙醇？

（2）蒸出的粗乙酸乙酯中主要含有哪些杂质？如何逐一除去？

（3）能否用浓氢氧化钠溶液代替饱和碳酸钠溶液洗涤蒸馏液？为什么？

（4）用饱和氯化钙溶液洗涤的目的是什么？为什么先用饱和氯化钠溶液洗涤？是否可以用水代替？

3.6 硝基苯的制备

【实验目的】

（1）了解从苯制备硝基苯的方法。

（2）掌握磁力搅拌、回流、减压蒸馏等基本操作。

【实验原理】

由浓硝酸和苯在浓硫酸催化下硝化制备硝基苯：

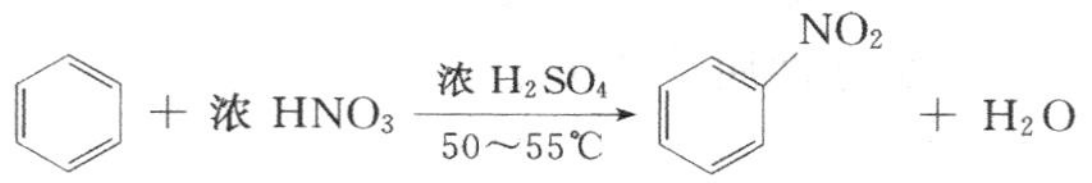

【实验试剂及仪器】

试剂：苯，混酸（浓硝酸：浓硫酸＝1.8：2），5％氢氧化钠溶液，无水氯化钙。

仪器：圆底烧瓶（10mL，干燥），圆底三口烧瓶（25mL），100℃温度计，磁力搅拌器，量筒（10mL，干燥），滴液漏斗，分液漏斗，直形冷凝管，减压蒸馏装置。

【实验装置图】

回流装置

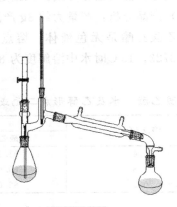

减压蒸馏装置

【实验步骤】

（1）硝基苯的制备

在 25mL 锥形瓶中，加入 1.8mL 浓硝酸，在冷却浴中振荡并慢慢加入 2.0mL 浓硫酸制成混合酸备用。

在 25mL 圆底三口烧瓶中加入 1.8mL 苯及磁力搅拌子，安装温度计、滴液漏斗及冷凝管装置，自滴液漏斗中慢慢滴入配制好的冷的混合酸溶液。控制滴加速度使反应温度维持在 50～55℃之间，勿超过 60℃，必要时可用冷水冷却，此滴加过程约需 1h。滴加完毕后，继续搅拌 15min。

（2）硝基苯的分离与纯化

将粗产品置于冷水浴中充分冷却后，将其转移至 25mL 分液漏斗中，弃去酸层，有机层依次用等体积的水、5％氢氧化钠溶液、水洗涤一次，将硝基苯层放于锥形瓶中，用无水氯化钙干燥，旋摇至浑浊消失。

（3）硝基苯的精制与鉴定

小心将澄清透明的硝基苯移入 10mL 圆底烧瓶中，安装减压蒸馏装置（也可用 P46 图 2-9 装置），用油浴（甘油）加热，收集相应的馏分（切不可蒸干!）。最后称重，计算产率。将所得纯产品用阿贝折光仪测其折射率，并对产品进行熔点测定和红外光谱测定，并设计实施性质检验方法。

纯硝基苯的沸点为 210.9℃，$n_D^{20} = 1.5529$。

【实验注意事项】

（1）硝基化合物对人体有较大的毒性，吸入多量蒸气或被皮肤接触吸收，均会引起中毒，所以处理硝基苯或其他硝基化合物时，必须小心谨慎，如不慎触及皮肤，应立即用少量乙醇擦洗，再用肥皂及温水洗涤。

（2）一般工业浓硝酸的相对密度为 1.52，用此酸时，极易得到较多的二硝基苯。为此可用 3.3mL 水、20mL 浓硫酸和 18mL 工业浓硝酸组成的混合酸进行硝化。

（3）硝化反应系放热反应，温度如超过 60℃ 时，有较多的二硝基苯生成，且也有部分硝酸和苯挥发逸去。

（4）洗涤硝基苯时，特别是用氢氧化钠溶液洗涤时，不可过分用力摇荡，否则产品乳化而难以分层。如遇此情况，可加入固体氯化钙或氯化钙饱和溶液，或加数滴酒精，静置片刻，即可分层。

（5）废弃的混合酸应集中收集，统一处理。

【思考题】

（1）本实验为什么要控制反应温度在 50～55℃ 之间？温度过高有什么不好？

（2）粗产品硝基苯依次用水、5%氢氧化钠溶液、水洗涤的目的何在？

（3）甲苯和苯甲酸硝化的产物是什么？你认为反应条件有何差异，为什么？

（4）若用相对密度为 1.52 的硝酸来配制混酸进行苯的硝化，将得到何产物？

3.7　苯胺的制备

【实验目的】

（1）了解从硝基苯还原成苯胺的方法。

（2）掌握磁力搅拌、回流、减压蒸馏等基本操作。

【实验原理】

本实验由硝基苯和铁粉在酸性条件下制备苯胺。

$$4\ \ \underset{}{\bigcirc}{\!-\!NO_2}\ +\ 9Fe\ +\ 4H_2O\ \xrightarrow{H^+}\ 4\ \underset{}{\bigcirc}{\!-\!NH_2}\ +\ 3Fe_3O_4$$

【实验试剂及仪器】

（1）试剂：硝基苯，还原铁粉（40～100 目），冰醋酸。

（2）仪器：三口烧瓶（25mL），回流装置，磁力搅拌器，滴液漏斗，减压蒸馏装置。

【实验步骤】

（1）粗苯胺的制备

在 25mL 三口烧瓶中加入 5mL 水、1.63g 铁粉、1.0mL 冰醋酸及一颗磁力搅拌子，安装滴液漏斗及回流冷凝装置（甘油）加热，开始搅拌。慢慢加热至微沸，并保持微沸 2min。冷却后，分几批慢慢加入 1.5mL 硝基苯，不断用力搅拌回流，由于反应放热，约有 6min 左右猛烈的反应发生。待反应温和后，将反应物加热回流 0.5h。当冷凝管回流液不再呈现硝基苯的黄色时，反应基本完成。

（2）苯胺的分离

物料充分冷却后，进行减压抽滤。将产品转移至分液漏斗中，用 5mL 饱和食盐水分两次洗涤，有机层用固体 NaOH 干燥至澄清。

（3）苯胺的精制与鉴定

对干燥后的有机层进行减压蒸馏，收集有效馏分。称量，测折射率。

纯苯胺的沸点为 184.4℃，$n_D^{20}=1.5863$。

【实验注意事项】

（1）反应开始时加热是为了活化铁粉，醋酸与铁作用生成醋酸亚铁可加快反应速率。

（2）硝基苯为黄色油状物，如果回流液中黄色油状物消失而转变成乳白色油珠（由于游离苯胺引起），表示反应已经完成。还原作用必须完全，否则残留在反应物中的硝基苯在以下几步提纯过程中很难分离，因而影响产品纯度。

（3）苯胺有毒，操作时应避免与皮肤接触或吸入其蒸气。如不慎触及皮肤，先用水冲洗，再用肥皂和温水洗涤。

（4）纯苯胺为无色液体，但在空气中由于氧化而呈淡黄色，加入少许锌粉重新蒸馏，可去掉颜色，在减压蒸馏时也可加少量锌粉防止氧化。

【思考题】

（1）还有哪些试剂可以将硝基苯还原成苯胺？

（2）苯胺的纯化除了可以用减压蒸馏法还可以用水蒸气蒸馏法。有机物必须具备什么性质，才能采用水蒸气蒸馏提纯？

3.8   正丁醚的制备

【实验目的】

（1）掌握醇分子间脱水制备醚的反应原理和实验方法；

（2）学习使用分水器的实验操作。

【实验原理】

$$2C_4H_9OH \xrightarrow{H_2SO_4} C_4H_9OC_4H_9 + H_2O$$

副反应 $$2C_4H_9OH \xrightarrow{H_2SO_4} C_2H_5CH=CH_2 + H_2O$$

【实验试剂及仪器】

（1）试剂：正丁醇，浓硫酸，无水氯化钙，5%氢氧化钠，饱和氯化钙。

（2）仪器：圆底烧瓶，球形冷凝管，分水器，蒸馏装置，分液漏斗等。

【实验装置】

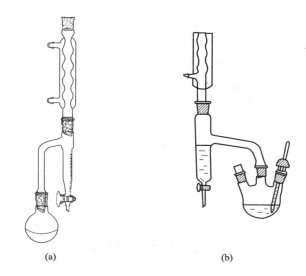

　　　　(a)　　　　　　　　　　　(b)

【实验步骤】

　　(1) 安装仪器：安装分水回流装置。

　　(2) 加料：在 10mL 圆底烧瓶中，加入 5mL 正丁醇、1mL 浓硫酸和几粒沸石，摇匀后，装上分水器和回流冷凝管，也可用（b）所示装置。在分水器放水口一侧预先加水至略低于支管口。

　　(3) 制备：小火加热至微沸，回流，进行分水。反应中产生的水经冷凝后收集在分水器的下层分出，上层有机相至分水器支管时，即可返回烧瓶。大约经 1h 后，三口烧瓶中反应液温度可达 134～136℃。当分水器分出 1mL 左右的水（或水面不再上升）时停止反应。若继续加热，则反应液变黑并有较多副产物烯生成。

　　(4) 纯化：将反应液冷却到室温后倒入盛有 25mL 水的分液漏斗中，充分振摇，静置后弃去下层液体，上层为粗产物。

　　粗产物依次用 5mL 50％硫酸分两次洗涤，再用 5mL 水洗涤，然后用无水氯化钙干燥。

　　(5) 精馏：收集产物。将干燥好的产物移至小蒸馏瓶中，蒸馏，收集 139～142℃的馏分，n_D^{20} 为 1.3992。

【实验注意事项】

　　(1) 制备正丁醚的较适宜温度是 130～140℃，但开始回流时，这个温度很难达到，因为正丁醚可与水形成共沸物（沸点 94.1℃，含水 33.4％）；另外，正丁醚与水及正丁醇形成三元共沸物（沸点 90.6℃，含水 29.9％，正丁醇 34.6％），正丁醇也可与水形成共沸物（沸点 93℃，含水 44.5％），故在 100～115℃之间反应半小时之后可达到 130℃以上。

　　(2) 在酸洗过程中，要注意安全。

(3) 正丁醇溶在 50%硫酸溶液中，而正丁醚微溶。

【思考题】

(1) 如何得知反应已经比较完全？

(2) 反应物冷却后为什么要倒入 25mL 水中？各步的洗涤目的何在？

(3) 能否用本实验方法由乙醇和 2-丁醇制备乙基仲丁基醚？你认为用什么方法比较好？

(4) 如果反应温度过高，反应时间过长，可导致什么结果？

(5) 如果最后蒸馏前的粗品中含有丁醇，能否用分馏的方法将它除去？这样做好不好？

3.9　乙酰苯胺的合成

【实验目的】

(1) 掌握乙酰化反应的原理及方法；

(2) 熟悉重结晶操作；

(3) 掌握分馏柱除水的原理及方法。

【实验原理】

　　胺的酰化在有机合成和药物制备中占有重要地位，一方面可以保护氨基，另一方面以酰胺键代替酯键可以改善药物的稳定性和药理活性。对于一级、二级芳香胺，酰化后可以降低对氧化剂的敏感性，提高其稳定性；氨基酰化后，可以降低苯环的亲电取代活性，使反应由多元取代变为一元取代；由于酰基的空间效应，往往选择性地生成对位产物。

　　酰化反应在化学制药中的应用：如酯、酰胺的合成。此反应也常用于保护某些官能团，例如保护氨基。因酰胺不易发生氧化反应，芳香族酰胺的取代反应也较不活泼，而且不易参与游离胺的典型反应。同时由于酰胺碱性较小，通过在酸或碱的环境中水解，氨基又很容易得到再生。酰化反应还具有重要的药理学意义。如在药物分子中引入酰基，常可增加药物的脂溶性，有利于体内吸收，提高其疗效。若将酯键改为酰胺键，还可以提高其水解稳定性，延长药物作用时间。如盐酸普鲁卡因，用于局麻时穿透力弱、维持时间短，而酰胺类麻醉药如盐酸利多卡因因性质较稳定药效强显效持久。

$$H_2N\text{—}\!\!\langle\ \rangle\!\!\text{—COOCH}_2\text{CH}_2\text{N(C}_2\text{H}_5)_2 \qquad\qquad \overset{\text{CH}_3}{\underset{\text{CH}_3}{\langle\ \rangle}}\text{—NHCOCH}_2\text{N(C}_2\text{H}_5)_2$$

普鲁卡因　　　　　　　　　　　　　　　　　　利多卡因

　　通过酰化反应还可以使药物的毒副作用降低。如对氨基苯酚具有解热镇痛作用，但因其毒副作用强，不宜用于临床，若酰化后成为对羟基乙酰苯胺即扑热息痛，则毒副作用大大降低，且疗效增强。再如苯胺为极毒品，乙酰苯胺则毒性降低，临床上曾用作解热镇痛药（退热冰）。

　　乙酰苯胺可以通过苯胺与乙酰氯、醋酸酐或冰醋酸等试剂作用制得。反应活性是乙酰氯＞醋酐＞醋酸。本实验采用醋酸为乙酰化试剂。

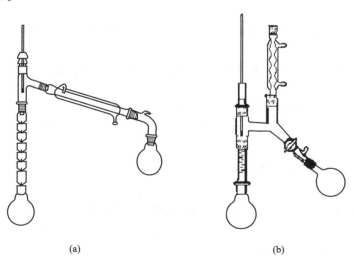

$$\begin{array}{c} NH_2 \\ \end{array} + CH_3COOH \rightleftharpoons \begin{array}{c} NHCOCH_3 \\ \end{array} + H_2O$$

　　醋酸与苯胺的反应速率较慢，是一个可逆平衡反应。为了得到更好的产率采取两个措施：一是增加反应物的浓度，由于醋酸价格便宜易得，醋酸用量比苯胺多一倍多；二是采用适当措施将生成的水从反应体系中除去，由于冰醋酸与水沸点相近，采用分馏柱除去生成的水。另外由于苯胺易氧化，为防止苯胺在反应过程中氧化，需加入少量锌粉。但加入的锌粉不宜太多，否则会在后处理中产生不溶于水的氢氧化锌。

【实验试剂及仪器】

　　试剂：苯胺 1mL（1.02g，0.011mol），冰醋酸 1.5mL（1.56g，0.026mol），锌粉。

　　仪器：圆底烧瓶，微型 H 型分馏柱，蒸馏头，接收管，锥形瓶，温度计等。

【实验装置图】

(a)　　　　　　　　(b)

【实验步骤】

　　（1）安装仪器：取干燥仪器，装配好反应装置。

　　（2）加料：量取 1mL 苯胺，倒入圆底烧瓶中，加入 1.5mL 冰醋酸和少量锌粉

（绿豆大小）。

 （3）制备：通冷凝水，石棉网小火加热至反应物沸腾，保持反应液微沸 20min，然后升高温度，控制分馏柱顶温度为 105℃左右，保持 30min。反应生成的水及少量冰醋酸可被蒸出。当温度计的读数上下波动（或反应器中出现白雾时），则反应到达终点，停止加热。搅拌下趁热将反应物倒入盛有 20mL 冷水的烧杯中，此时会有晶体析出，继续搅拌冷却，抽滤。

 （4）重结晶：粗产品用水重结晶。根据粗产品的质量计算出配制热饱和溶液所需的水量，加入煮沸，如仍有未溶解的油珠，需补加少量热水，直至油珠完全溶解。趁热过滤，冷却滤液至室温，抽滤、洗涤、烘干、称重。

 （5）产品分析：记录产量并计算产率，并对产品进行红外鉴定及熔点测定。纯乙酰苯胺为无色片状晶体，熔点为 114.3℃。

【实验注意事项】

 （1）分馏一定要缓慢进行，要控制好较恒定的馏出速度，即 1 滴/s。

 （2）重结晶所用的溶剂不能太多也不能太少。太多则母液中残留过多待提纯物，过少则样品不能充分溶解于溶剂中。

 （3）活性炭不能在液体沸腾时加入，否则将引起暴沸，溶液产生大量泡沫，逸出烧瓶。如果产品颜色不深，可以不加活性炭脱色。

 （4）趁热过滤时如布氏漏斗和吸滤瓶加热不充分或者热抽滤时间过长，吸滤瓶中将有大量结晶，这时不要用溶剂冲洗。待烧杯中液体冷却后，用倾析法把母液小心倒入吸滤瓶中，小心冲洗瓶壁，使晶体进入母液，再倒入烧杯内，这样可减少产物的损失。

 （5）苯胺有毒，它能经皮肤被吸收，使用时需小心。反应所用玻璃仪器必须干燥。

 （6）加入少量锌粉的目的是防止苯胺在反应过程中被氧化。只要少量即可，加得过多，会出现不溶于水的氢氧化锌。

 （7）乙酰苯胺在水中的溶解度

温度/℃	20	40	60	80	100
溶解度/(g/100g)	0.52	0.86	2.00	4.5	5.6

【思考题】

 （1）列表比较蒸馏和分馏在原理、装置和操作上的异同点。

 （2）分馏时若加热太快，则分馏效果就降低，这是为什么？

 （3）重结晶提纯的原理是什么？

 （4）为什么在合成乙酰苯胺的步骤中，反应温度控制在 105℃？

 （5）在合成乙酰苯胺的步骤中，为什么采用刺形分馏柱，而不采用普通的蒸馏柱？

（6）用苯胺作原料进行苯环上的一些取代时，为什么常常要先进行酰化？

（7）分馏的原理是什么？

（8）本实验在有机合成中有何用处？

3.10　乙酰水杨酸的制备

【实验目的】

（1）学习酚酰化成酯的原理及方法；

（2）了解有关药物制备的知识；

（3）复习重结晶和熔点测定的操作。

【实验原理】

乙酰水杨酸，俗名阿司匹林，又称醋柳酸。白色针状或板状结晶或结晶性粉末。无臭，微带酸味。在干燥空气中稳定，遇潮则缓慢水解成水杨酸和醋酸。微溶于水，溶于乙醇、乙醚、氯仿，也溶于碱溶液，同时分解。阿司匹林已应用百年，成为医药史上三大经典药物之一，至今它仍是世界上应用最广泛的解热、镇痛和抗炎药，临床上用于预防心脑血管疾病的发作。可由水杨酸和醋酐作用制得，可用浓硫酸或浓磷酸作为催化剂。

主反应：

$$\underset{\text{OH}}{\underset{\text{COOH}}{\bigcirc}} + (CH_3CO)_2O \underset{\triangle}{\overset{H^+}{\rightleftharpoons}} \underset{\text{OCOCH}_3}{\underset{\text{COOH}}{\bigcirc}} + H_2O$$

副反应：

$$\underset{\text{OH}}{\underset{\text{COOH}}{\bigcirc}} + \underset{\text{OH}}{\underset{\text{COOH}}{\bigcirc}} \underset{\triangle}{\overset{H^+}{\rightleftharpoons}} \underset{\text{COOH}}{\bigcirc}-O-\overset{O}{C}-\underset{\text{OH}}{\bigcirc} + H_2O$$

$$\underset{\text{COOH}}{\overset{\text{OCOCH}_3}{\bigcirc}} + \underset{\text{OH}}{\underset{\text{COOH}}{\bigcirc}} \underset{\triangle}{\overset{H^+}{\rightleftharpoons}} \underset{\overset{||}{O}}{\overset{\text{OCOCH}_3}{\bigcirc}}-O-\underset{\text{COOH}}{\bigcirc} + H_2O$$

【实验试剂及仪器】

试剂：水杨酸 1.0g（0.0072mol），醋酐 2.5mL（0.00265mol），饱和碳酸氢钠 12mL，1%三氯化铁溶液，浓盐酸，浓硫酸。

仪器：50mL 锥形瓶，100mL 烧杯，温度计（150℃），冰浴，熔点测定仪，抽滤装置。

【实验装置图】

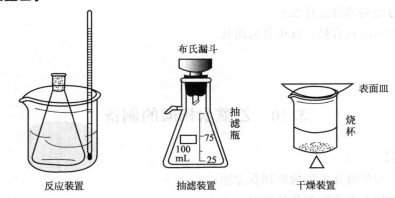

反应装置　　　　抽滤装置　　　　干燥装置

【实验步骤】

（1）在 50mL 锥形瓶中依次加入 1.0g 水杨酸、2.5mL 醋酐、2 滴浓硫酸，充分摇匀，使水杨酸溶解。

（2）将锥形瓶置于 80℃ 热水浴中，加热 10min，并不时地振摇。然后停止加热，待反应混合物冷却至室温后，缓缓加入 15mL 水，边加水边振摇。

（3）将锥形瓶放在冷水浴中冷却，使晶体完全析出、抽滤，并用 10mL 冷水洗涤两次，抽干，得乙酰水杨酸粗产品（用 1% 三氯化铁溶液检验酚羟基是否存在）。

（4）将粗产品转入到 100mL 烧杯中，加入饱和碳酸氢钠水溶液，边加边搅拌，直到不再有二氧化碳产生为止。抽滤，除去不溶性聚合物（水杨酸自身聚合）。

（5）将滤液倒入 100mL 烧杯中，缓缓加入 10mL 20% 盐酸，边加边搅拌，这时会有晶体逐渐析出。将此反应混合物置于冰水浴中，使晶体尽量析出。抽滤，用少量冷水洗涤 2~3 次，然后抽干。取少量乙酰水杨酸，溶入几滴乙醇中，并滴加 1~2 滴 1% 三氯化铁溶液，如果发生显色反应，说明仍有水杨酸存在。

（6）产物用乙醇-水混合溶剂重结晶：即先将粗产品溶于少量沸乙醇中，再向乙醇溶液中添加热水直至溶液中出现浑浊，再加热至溶液澄清透明。

（7）静置慢慢冷却、过滤、干燥、称重，测定熔点并计算产率。

【实验注意事项】

（1）如不充分振摇，水杨酸在浓硫酸的作用下，将生成副产物水杨酸水杨酯。

（2）实验中用水浴温度控制反应温度，水浴温度控制在 80~85℃ 即可。

（3）反应放热，操作应小心。

（4）加热不能太久，以防乙酰水杨酸分解。粗品重结晶纯化也可用 95% 乙醇和水 1∶1 的混合液，加冷凝管加热回流，以免乙醇挥发和着火，固体溶解即可。

【思考题】

（1）水杨酸与醋酐的反应过程中浓硫酸起什么作用？

（2）乙酰水杨酸的制备为什么不能用醋酸代替醋酐？

（3）纯的乙酰水杨酸不会与三氯化铁溶液发生显色反应。然而，在乙醇-水混合溶剂中经重结晶的乙酰水杨酸，有时反而会与三氯化铁溶液发生显色反应，这是为什么？

（4）本实验中所用的仪器为什么必须干燥？

（5）如何检验产品是乙酰水杨酸？

3.11　肉桂酸的制备

【实验目的】

（1）学习肉桂酸制备的原理和方法；

（2）进一步熟悉回流、水蒸气蒸馏、抽滤及重结晶等基本操作技术。

【实验原理】

利用珀金（Perkin）反应，将苯甲醛和醋酐混合后，在无水醋酸钾（或无水碳酸钾）存在的条件下加热起羟醛缩合反应，再脱水生成肉桂酸。

$$\underset{}{\text{C}_6\text{H}_5\text{CHO}} + \text{H}_3\text{C-CO-O-CO-CH}_3 \rightleftharpoons \text{C}_6\text{H}_5\text{CH=CH-COOH} + \text{CH}_3\text{COOH}$$

【实验试剂及仪器】

试剂：苯甲醛 0.3mL（3mmol），醋酐 0.8mL（8mmol），无水碳酸钾，1∶1 盐酸，10%氢氧化钠溶液，刚果红试纸。

仪器：二口烧瓶，圆底烧瓶，直形冷凝管，球形冷凝管，接收瓶，干燥管，砂芯漏斗等。

【实验装置图】

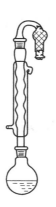

【实验步骤】

（1）安装仪器：按图安装好回流装置，在回流冷凝管上端接一只氯化钙干燥管。

(2) 加料：在干燥的 5mL 圆底烧瓶中加入 0.3mL 新蒸馏过的苯甲醛、0.8mL 新蒸馏过的醋酐和 0.42g 研碎的无水碳酸钾，投入几粒沸石。

(3) 制备：通入冷凝水，在石棉网上加热，保持溶液的温度在 150～160℃，回流时间约 20min。

(4) 纯化：反应完毕，冷却反应物，再加入 2mL 水，进行水蒸气蒸馏，当蒸出的液滴澄清时停止蒸馏。冷却，加入 2mL 10% NaOH 使肉桂酸溶解，再加入 5mL 热水，抽滤，滤液冷却。在搅拌下加入 1∶1 HCl 至刚果红试纸变蓝（这时 pH＝3），冷却结晶，抽滤，并以少量的冷水洗涤 2 次，抽干后，粗产品在 80℃ 烘箱中烘干。

(5) 产品分析：产量约为 0.17g。产品烘干后测其熔点。

纯肉桂酸是白色结晶，微有桂皮味，熔点为 135℃，微溶于水，可溶于醇。

【实验注意事项】

(1) 回流过程中必须防止水分侵入，故需接氯化钙干燥管。

(2) 苯甲醛久置后，由于自动氧化反应而生成苯甲酸，在产品中不易除尽，将影响产品质量，故苯甲醛要重新蒸馏，截取 170～180℃ 馏分供实验用。

(3) 醋酐放久了因吸收空气中水分而水解为醋酸，故醋酐在实验前要重新蒸馏。

(4) 由于逸出二氧化碳，在反应初期有泡沫生成。

(5) 粗产品可用 3∶1 的水-乙醇混合溶剂重结晶。

【思考题】

(1) 若用苯甲酸与丙酐发生 Perkin 反应，其产物是什么？

(2) 具有何种结构的醛能进行 Perkin 反应？

(3) 用水蒸气蒸馏除去什么？

(4) 用酸酸化时，能否用浓硫酸？

(5) 在实验中，如果原料苯甲醛中含有少量的苯甲酸，这对实验结果会有什么影响？应采用什么样的措施？

3.12　甲基橙的制备

【实验目的】

(1) 学习重氮盐制备技术，了解重氮盐的控制条件；

(2) 掌握和了解重氮盐偶联反应的条件，掌握甲基橙制备的原理及实验方法；

(3) 进一步练习过滤、洗涤、重结晶等基本操作。

【实验原理】

　　芳香族偶氮化合物都具有颜色，性质稳定。许多偶氮化合物可以用作优良的染料。甲基橙由于颜色不稳定，且不坚牢，没有作为染料的价值。但它在酸碱溶液中结构发生变化，而且显示不同颜色，故可以被用作酸碱指示剂

　　甲基橙可由对氨基苯磺酸重氮盐与 N,N-二甲基苯胺的醋酸盐，在弱酸性介质中偶合得到。偶合首先得到的是亮红色的酸式甲基橙，称为酸性黄，在碱中酸性黄转变为橙黄色的钠盐，即甲基橙。

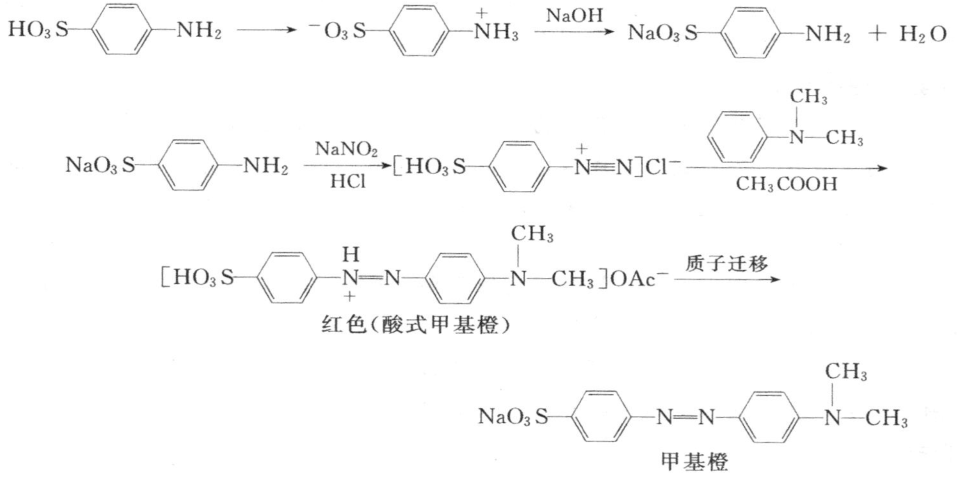

【实验试剂及仪器】

　　试剂：对氨基苯磺酸 2.1g（0.01mol），N,N-二甲基苯胺 1.3mL（1.2g，0.01mol），5%氢氧化钠溶液，亚硝酸钠 0.8g（0.011mol），浓盐酸，冰醋酸。

　　仪器：烧杯，淀粉-碘化钾试纸，抽滤装置。

【实验步骤】

　　(1) 对氨基苯磺酸的重氮化

　　① 在小锥形瓶中，加入 0.5mL 冰水及 0.15mL 浓盐酸，并将锥形瓶置于冰水浴中冷却备用。

　　② 在小试管中加入 100mg 对氨基苯磺酸和 0.5mL 5%NaOH，温热溶解，再冷却至室温，加入 0.25~0.35mL NaNO$_2$ 溶液。

　　③ 在冰浴中不断搅拌下，将该混合溶液慢慢滴入到到冰浴冷却的锥形瓶中，直至用淀粉-碘化钾试纸检测呈现蓝色为止。

　　④ 在冰浴中搅拌 10min 以上，使反应完全。重氮盐为细粒状白色沉淀。

　　(2) 偶联

　　① 在试管中滴加 0.07mL N,N-二甲基苯胺和 0.05mL 冰醋酸，混匀，在搅拌下慢慢滴加到上述冷却的重氮盐溶液中，室温充分搅拌 20min，此时有红色的酸性

黄沉淀。

② 缓缓加入 1.0mL 5％NaOH 溶液，直至反应物变为橙色（此时反应液为碱性）。甲基橙粗品呈细粒状沉淀析出。

③ 加热至沸，使甲基橙溶解，自然冷却至室温后，再放置在冰水浴中冷却。使甲基橙晶体析出完全。

④ 用布氏漏斗抽滤，依次用少量水、乙醇、乙醚洗涤，称重。

（3）检验

将少许甲基橙溶于水中，加几滴稀盐酸，然后再用稀碱中和，观察颜色变化。产品没有明显的熔点，故不需测熔点。

【实验注意事项】

（1）对氨基苯磺酸是两性化合物，酸性比碱性强，以酸性内盐形式存在。它能与碱作用生成盐，难与酸作用成盐，所以不溶于酸。但重氮化时，又要在酸性溶液中进行，因此重氮化反应时，首先将对氨基苯磺酸与碱作用变成水溶性较大的对氨基苯磺酸钠盐。

（2）重氮化过程中，严格控制温度很重要。反应温度高于5℃，则生成的重氮盐易水解成苯酚，降低产率，导致失败。

（3）粗产品呈碱性，温度稍高时易使产物变质，颜色变深，湿的甲基橙受日光照射，亦会使颜色变深，通常在 65～75℃烘干。

【思考题】

（1）在甲基橙的实验中，制备重氮盐时，为什么要把对氨基苯磺酸变成钠盐？如果改成先将对氨基苯磺酸与盐酸混合，再滴加亚硝酸钠溶液进行重氮化反应，可以吗？为什么？

（2）重氮化为什么要在强酸条件下进行？偶合反应为何要在弱酸条件下进行？

（3）制备重氮盐为什么要维持 0～5℃的低温？温度高有何不良影响？

（4）制备甲基橙时，在重氮化过程中，HNO_2 过量是否可以？如何检验其过量？又应如何处理？

（5）甲基橙在酸碱溶液中分别呈何颜色？说明其变色原因，并用反应式表示之。

3.13 对位红的制备与棉布染色

【实验目的】

（1）掌握硝化、水解、重氮化、偶合等有机反应的一般实验方法；

（2）了解官能团保护在有机合成中的实际应用；

（3）学习根据产物的不同性质分离邻、对位异构体的基本方法；

（4）通过多步合成，培养综合运用所学知识的能力。

【实验原理】

对位红是最早的不溶性偶氮染料，与苏丹红结构相似，被禁止加入到食品中，常用于纺织物的染色。本实验以乙酰苯胺为原料，经硝化、水解分离后得到对硝基苯胺，再经重氮化后与 β-萘酚偶合生成对位红。

（1）硝化和水解

由于苯胺很容易氧化，中间体对硝基苯胺不能由苯胺直接硝化，需要以乙酰苯胺为原料，经硝化再水解而制得。硝化反应除了生成主产物对硝基乙酰苯胺外，还生成副产物邻硝基乙酰苯胺。

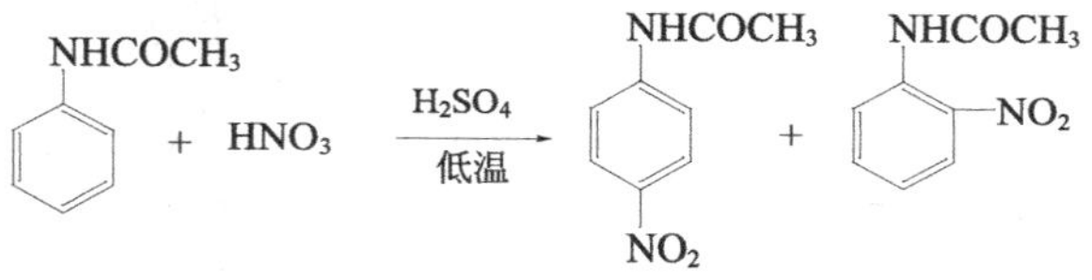

为了减少邻位产物，选用乙酸为反应溶剂并控制温度在 5℃ 以下。为了除去邻位副产物，利用邻硝基乙酰苯胺在碱性条件下易水解而对硝基乙酰苯胺不水解将邻位产物除去。

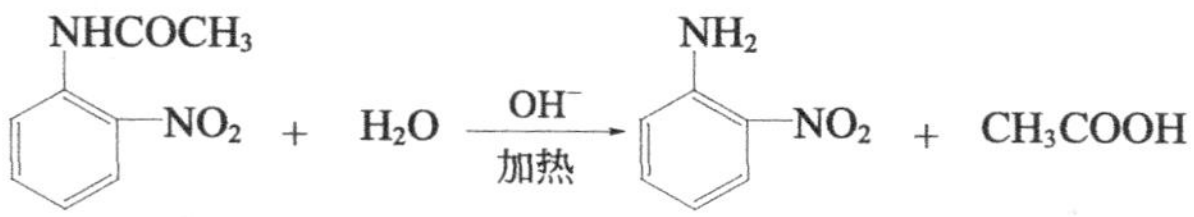

得到的对硝基乙酰苯胺再在强酸的条件下水解得到对硝基苯胺：

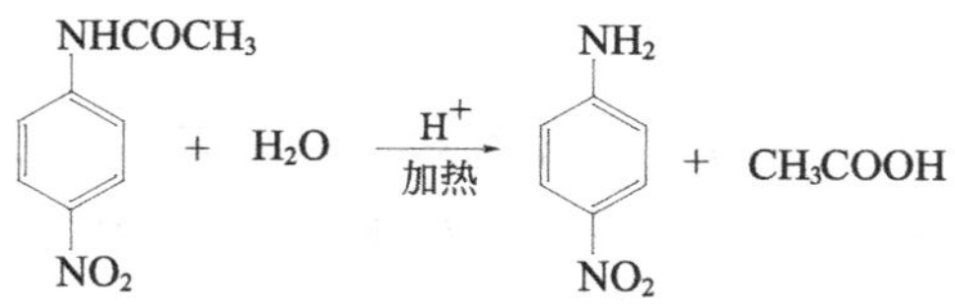

（2）重氮化和偶合

对硝基苯胺与亚硝酸钠在酸性条件下，生成相应的重氮盐，由于重氮盐极不稳定，一般反应在 0～5℃ 进行：

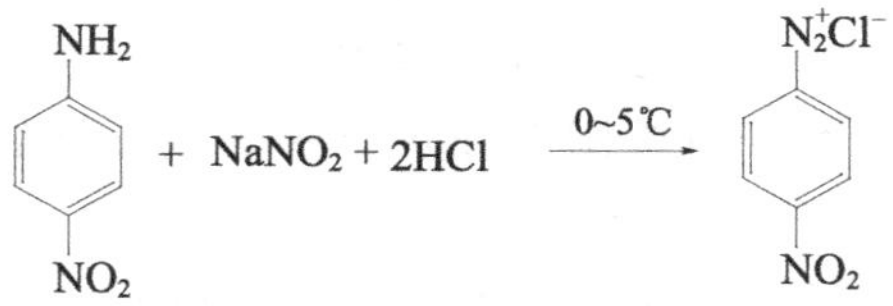

生成的重氮盐立即与β-萘酚在碱性介质中偶合生成对位红：

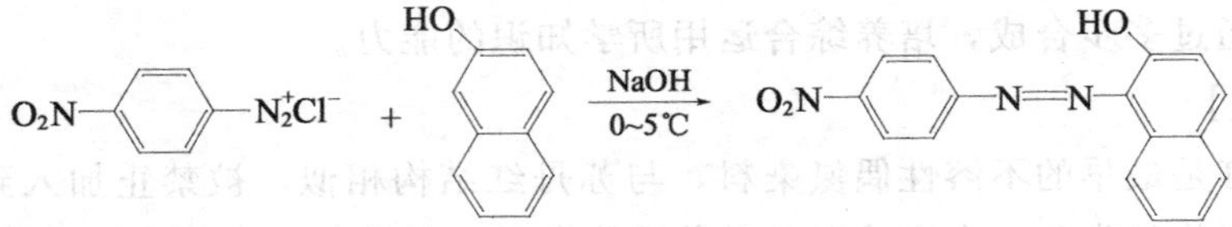

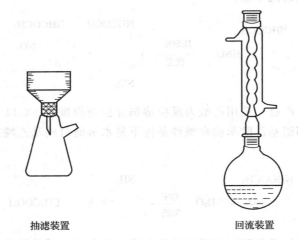

【实验试剂及仪器】

试剂：乙酰苯胺 0.6g，乙酸 1.1mL，浓硫酸 1.2mL 等。

仪器：烧杯，圆底烧瓶，球形冷凝管等。

【实验装置图】

抽滤装置　　　　　　　　　　　回流装置

【实验步骤】

（1）硝化和水解

在干燥的烧杯中，加入 0.6g 乙酰苯胺和 1.1mL 乙酸，振荡混合均匀。搅拌下慢慢加入 2.0mL 浓硫酸，得到透明溶液，在冰水浴中冷却到 1～2℃。

冰水浴中将 0.5mL 已配制好的混酸（浓硝酸：浓硫酸＝1.6：1，体积），置于冰水浴中冷却。用吸管慢慢将混酸滴加到乙酰苯胺酸溶液中，其间温度不超过5℃。滴加完毕，在冰水浴中继续反应 5min 后，再室温放置 20～30min 并间歇振荡。小烧杯中加入 10mL 水和 10g 碎冰，反应液慢慢倒入冰水中，边倒边搅拌，有固体析出，冷却后抽滤，用 5mL 水洗涤固体三次，抽干得淡黄色固体。

粗产品加入到盛有 10mL 水的 100mL 烧杯中，不断搅拌下慢慢加入碳酸钠粉末至混合物呈碱性，混合物于石棉网上加热至沸腾数分钟后冷却至 50℃，迅速抽滤，固体用少量水洗涤抽干，产量约 0.5g。

将粗对硝基乙酰苯胺放入圆底烧瓶中，振荡冷却下将 2.5mL 70％硫酸加入上述烧瓶中，加入沸石，石棉网上加热回流 15min，得透明溶液，反应液导入盛有 15mL 冷水的烧瓶中，分批加入氢氧化钠固体至溶液呈碱性，有沉淀析出。冷却后抽滤，洗涤三次，干燥，得黄色针状晶体，称重。记录对硝基苯胺的产量，并计算产率。

（2）重氮化和偶合

将 0.1g 制得的对硝基苯胺和 1mL 1∶1 稀盐酸加入烧杯中，使之溶解。冷却后加入 3g 碎冰，所得溶液置于冰水中保持温度 0～5℃。取 10% 亚硝酸钠溶液 2mL，冷却至 0～5℃。不断搅拌下将冷却好的亚硝酸钠溶液迅速一次性倒入对硝基苯胺的稀盐酸溶液中，用 pH 试纸检测是否呈酸性，再用淀粉-碘化钾试纸检验是否显色。若不显色需酌情补加少量亚硝酸钠溶液并充分搅拌至试纸显色。将反应物在冰水中放置 15min 后，抽滤除去沉淀物。将滤液用冰水稀释至 20mL，所得淡黄色透明的重氮盐溶液保存在冰水浴中。

将少量研细的 β-萘酚、3mL 5% 氢氧化钠溶液加入小烧杯中，充分振荡使之溶解。把一条洁净的白布条浸入此溶液中，并用玻璃棒搅动使之充分浸湿。10min 后取出白布条，滤去大部分溶液，再把布条放在对硝基氯化重氮苯溶液中，棉布立即染成鲜红色。继续保持在 0～5℃ 10min，并不断翻动棉布使染色完全，取出棉布水洗晾干。

若进一步得到对位红产品，可将其余 β-萘酚溶液以细流全部倒入重氮盐溶液中，在 5℃ 以下搅拌 15min。得到深红色固体，抽滤，固体经水洗涤至中性，晾干，得对位红产品。

【实验注意事项】

（1）硝化反应温度低于 5℃，否则邻位及多硝化产物增多。

（2）重氮化和偶合反应均需在 0～5℃ 的低温下进行，各试剂的浓度和用量必须准确。

（3）对硝基苯胺在盐酸中形成其盐酸盐，如果温度较低可能会有沉淀析出。

（4）重氮化反应中反应液呈酸性，亚硝酸钠不得过量，以减少副反应。

（5）用淀粉-碘化钾检验时，若在 15～20s 内试纸变蓝，说明亚硝酸钠用量已够。

（6）对位红为红色固体。

（7）白色棉布经染色，都可变成鲜红色。但有时可能会出现颜色较暗或带有黄色等现象，试分析其原因。

【思考题】

（1）重氮化反应必须注意什么？

（2）如何判断亚硝酸钠的用量已经足够？

（3）写出本实验制备的两个反应方程式。

（4）实验过程中，抽滤除掉的是什么杂质？

（5）中间体重氮盐的性状如何？

3.14 茶叶中提取咖啡因

【实验目的】

（1）了解从茶叶中提取咖啡因的原理；

（2）掌握抽提操作，进一步熟悉回流、蒸馏、升华等基本操作。

【实验原理】

茶叶中含有咖啡碱、茶碱、单宁酸、色素、纤维素等多种物质，其中咖啡碱的含量约为 $1\%\sim5\%$，单宁酸约为 $11\%\sim12\%$。咖啡因具有强心、兴奋、利尿等药理功能，是常见的中枢神经兴奋剂。单宁酸易溶于 H_2O 和乙醇。通常红茶中咖啡因的含量高于绿茶。

咖啡碱又名咖啡因，属杂环化合物嘌呤的衍生物，它的化学名称为 1,3,7-三甲基-2,6-二氧嘌呤，结构如下：

　　　　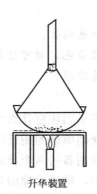

　　嘌呤　　　　　咖啡因(1,3,7-三甲基-2,6-二氧嘌呤)

从茶叶中提取咖啡因，使用适当的溶剂（氯仿、乙醇、苯等）。

【试剂及实验装置】

试剂：茶叶 1.0g，95%乙醇 12mL，生石灰粉 1g。

实验装置：提取装置，升华装置。

【实验装置图】

回流装置　　　　　　　　升华装置

【实验步骤】

(1) 安装仪器及加料：称取研细的茶末 1.0g，置于 20mL 圆底烧瓶中，加入 12mL 95% 的乙醇，放入沸石，安装好回流提取装置。

(2) 回流：水浴加热，连续回流提取 1h 左右。

(3) 抽滤、水浴蒸馏：冷却后抽滤，改用水浴蒸馏装置，蒸出提取液中的大部分乙醇，提取液的残液为 2～3mL。

(4) 中和、焙炒：将残液倒入蒸发皿中，再用少量乙醇对蒸馏烧瓶稍作洗涤，一并倒入蒸发皿中。加 1g 生石灰粉，不断搅拌，并将蒸发皿置于水蒸气浴上蒸干溶剂乙醇。将蒸发皿移至石棉网上，用小火加热，不断焙炒至干。

(5) 升华：取一张稍大些的圆形滤纸，罩在大小适宜的玻璃漏斗上，刺上小孔，再盖在蒸发皿上，漏斗颈部塞入少许棉花。用小火慢慢加热升华，当有棕色油状物在玻璃漏斗壁上生成时，立刻停止加热，冷却，收集滤纸上的咖啡碱晶体。

(6) 称重，计算产率。

【实验注意事项】

(1) 生石灰起中和作用及吸水作用，以除去单宁酸等酸性物质。

(2) 在回流充分的情况下，升华操作是实验成败的关键。升华的关键是控制温度。温度过高，将导致被烘物冒烟炭化，或产物变黄，造成损失。

(3) 若残留少量水分，则会在下一步升华开始时漏斗壁上呈现水珠。如有此现象，则应撤去火源，迅速擦去水珠，然后继续升华。

(4) 咖啡碱为白色或略带微黄色的针状晶体，熔点为 238℃。

【思考题】

(1) 升华过程中，为什么必须严格控制温度？

(2) 咖啡因与鞣酸溶液作用生成什么沉淀？

3.15　菠菜中色素提取与色谱分离

【实验目的】

(1) 通过绿色植物色素的提取和分离，了解天然物质分离提纯的方法；

(2) 通过柱色谱和薄层色谱分离操作，加深了解微量有机物色谱分离鉴定的原理。

【实验原理】

绿色植物如菠菜叶中含有叶绿素（绿）、胡萝卜素（橙）和叶黄素（黄）等多种天然色素。

　　叶绿素存在两种结构相似的形式，即叶绿素 a（$C_{55}H_{72}O_5N_4Mg$）和叶绿素 b（$C_{55}H_{70}O_6N_4Mg$），其差别仅是叶绿素 a 中一个甲基被甲酰基所取代，从而形成了叶绿素 b。它们都是吡咯衍生物与金属镁的络合物，是植物进行光合作用所必需的催化剂。植物中叶绿素 a 的含量通常是叶绿素 b 的 3 倍。尽管叶绿素分子中含有一些极性基团，但大的烃基结构使它溶于醚、石油醚等一些非极性的溶剂。

　　胡萝卜素（$C_{40}H_{56}$）是具有长链结构的共轭多烯。它有三种异构体，即 α-胡萝卜素、β-胡萝卜素和 γ-胡萝卜素，其中 β-胡萝卜素含量最多，也最重要。在生物体内，β-胡萝卜素受酶催化氧化形成维生素 A。

　　目前 β-胡萝卜素已可进行工业生产，可作为维生素 A 使用，也可作为食品工业中的色素。叶黄素（$C_{40}H_{56}O_2$）是胡萝卜素的羟基衍生物，它在绿叶中的含量通常是胡萝卜素的两倍。与胡萝卜素相比，叶黄素较易溶于醇而在石油醚中溶解度较小。

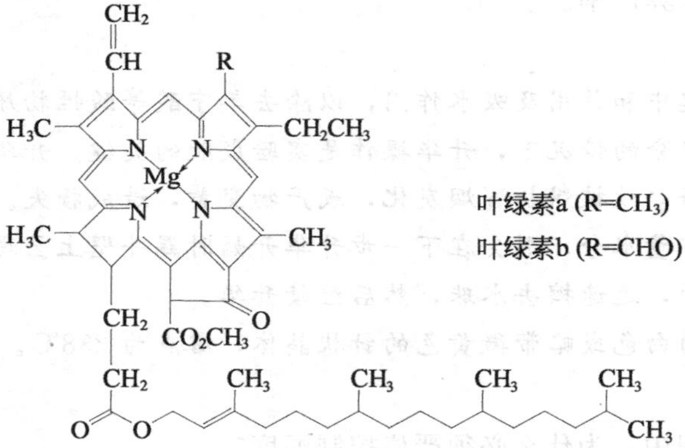

叶绿素a (R=CH₃)
叶绿素b (R=CHO)

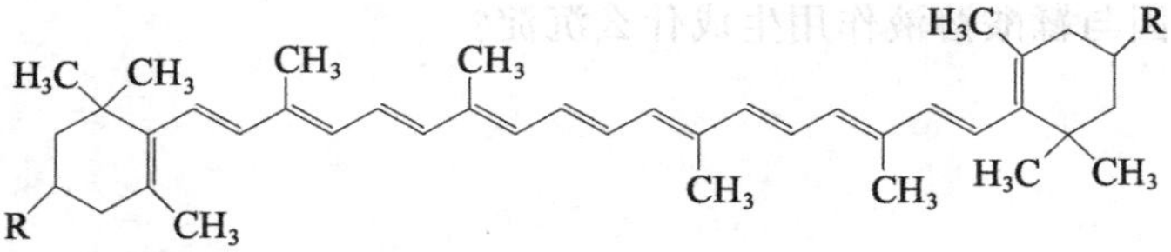

β-胡萝卜素 (R=H)　　　　叶黄素 (R=OH)

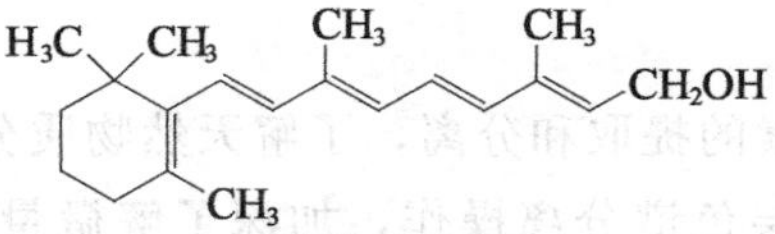

维生素 A

　　本实验从菠菜中提取上述几种色素，并通过薄层层析和柱层析进行分离。

【实验试剂及仪器】

　　试剂：新鲜菠菜 2g，石油醚，乙酸乙酯，丙酮，乙醇 10mL，硅胶 G，中性氧化铝。

仪器：研钵，布氏漏斗，圆底烧瓶，直形冷凝管，层析缸等。

【实验示意图】

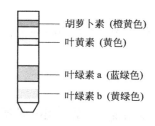

胡萝卜素 (橙黄色)

叶黄素 (黄色)

叶绿素 a (蓝绿色)

叶绿素 b (黄绿色)

【实验步骤】

（1）菠菜色素的提取

称取 2g 洗净后的新鲜的菠菜叶，用剪刀剪碎并与 10mL 乙醇拌匀，在研钵中研磨约 5min，然后用布氏漏斗抽滤菠菜汁，弃去滤渣。

将菠菜汁放入分液漏斗中，用 10mL 3∶2（体积比）的石油醚-乙醇混合液萃取两次。合并深绿色萃取液于分液漏斗中，用 5mL 水洗涤两次，以除去萃取液中的乙醇。洗涤时要轻轻旋荡，以防产生乳化。弃去水-乙醇层，石油醚层用无水硫酸钠干燥后滤入圆底烧瓶，在水浴上蒸去大部分石油醚至体积约为 1mL 为止。

（2）薄层层析

取四块显微载玻璃片，用硅胶 G 加 0.5%羧甲基纤维素调制后制板，晾干后在 110℃活化 1h。

将上述的浓缩液点在硅胶 G 制备好的薄层色谱板上，分别用石油醚-丙酮（8∶2）和石油醚-乙酸乙酯（6∶4）两种溶剂系统展开，待展开剂上升至规定高度时，取出层析板，在空气中晾干，用铅笔做出标记，并进行测量。观察斑点在板上的位置并排列出胡萝卜素、叶绿素和叶黄素的 R_f 值的大小次序。

（3）柱层析

取 3g 中性氧化铝进行湿法装柱。填料装好后，将上述菠菜色素的浓缩液，用滴管小心地加到层析柱顶部。待色素全部进入柱体后，分别用石油醚-丙酮（9∶1）、石油醚-丙酮（7∶3）和正丁醇-乙醇-水（3∶1∶1）进行洗脱，依次接收各色素带。

【实验注意事项】

（1）毛细点样管的管口要平整，点样时不可损坏硅胶层，以免影响展开。

（2）点样点不可浸入展开剂液面以下。

（3）菠菜叶色素的 TLC 分离，一般可以显示四种颜色的 7 个斑点，分别是胡萝卜素（橙黄色）、脱镁叶绿素（灰色）、叶绿素 a 和叶绿素 b（蓝绿色和黄绿色，

2 个点）以及叶黄素（黄色，3 个点）。也有观察到 8、9 甚至 10 个斑点的情况。

【思考题】

（1）试比较叶绿素、叶黄素和胡萝卜素三种色素的极性，为什么胡萝卜素在层析柱中移动最快？

（2）为什么极性较大的物质要用极性较大的溶剂洗脱？

3.16 乙酰二茂铁的制备

【实验目的】

（1）掌握乙酰二茂铁的合成原理、方法和有关应用；

（2）了解柱色谱分离、纯化有机化合物的原理；

（3）熟悉柱色谱分离的技术要点；

（4）掌握无水操作的一般方法。

【实验原理】

二茂铁 $[Fe(C_5H_5)_2]$，由二价铁离子与环戊二烯环通过形成牢固的配位键而形成，所以又名环戊二烯合铁，在固态时，两个环戊二烯环互为交错构型。在溶液中，两个环可以自由旋转。环戊二烯具有共轭结构且电子满足 $4n+2$，所以具有芳香性，具有类似苯环的反应，环上能发生弗里德尔-克拉夫茨（Friedel-Crafts）酰基化反应，形成多种取代基的衍生物。常温下二茂铁为橙色晶体，有樟脑气味，熔点为 173～174℃，沸点为 249℃，高于 100℃易升华，加热至 400℃亦不分解，对碱和非氧化性酸稳定。能溶于苯、乙醚、石油醚等大多数有机溶剂，基本上不溶于水。在乙醇或己烷中的紫外光谱于 250nm 和 400nm 处有极大吸收峰，在 225nm 处亦有吸收峰。二茂铁及其衍生物可以作火箭燃料的添加剂，以改善其燃烧的性能，还可以作汽油的抗震剂，硅树脂和橡胶的防老剂及紫外线的吸收剂等。

乙酰基二茂铁的制备：

二茂铁 (橙棕色)   乙酰二茂铁 (橙红色)   二乙酰基二茂铁 (橙褐色)

【实验试剂及仪器】

试剂：二茂铁，醋酐，磷酸，无水氯化钙，3mol/L 氢氧化钠，碳酸氢钠，薄层色谱硅胶，柱色谱硅胶，正己烷，乙酸乙酯，石油醚，乙醚。

仪器：烧杯，圆底烧瓶，温度计，干燥管，砂芯漏斗，载玻片，色谱柱。

【实验装置图】

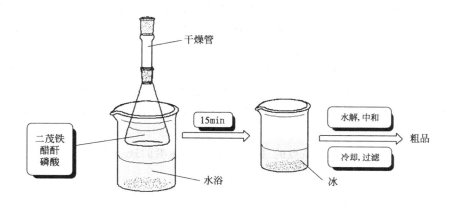

【实验步骤】

（1）乙酰二茂铁的制备

方法一：将 0.5mL 85％H_3PO_4 在搅拌下滴入一个盛有 0.75g 二茂铁及 2.5mL 醋酐混合物的小锥形瓶中，装上内有无水氯化钙的干燥管，蒸汽浴上加热 15min，然后将此混合物倒入装有约 20g 冰的高型烧杯中；当冰融化后先逐滴加入（约 20~30 滴）3mol/L 的氢氧化钠至混合液近中性，再加固体碳酸氢钠（少量多次）中和混合物至不再有气体逸出，在冰浴中冷却 30min，以保证乙酰基二茂铁从溶液中完全沉淀出来；用砂芯漏斗抽滤，用水洗涤至滤液为浅橙色，空气干燥。

方法二：将一小磁子置于 10mL 的圆底烧瓶中，并将烧瓶事先在一个 65℃ 的水浴中预热，然后严格按以下次序加入（93±3）mg(0.5mol) 的二茂铁、2mL 醋酐和 0.1mL 85％ 的磷酸。

注意：改变加料顺序可能会使二茂铁分解生成黏稠的褐色物质，仔细量取各物质也是反应成功的关键。

用插有空注射器针头的塑料隔膜盖上圆底烧瓶，边搅拌边在水浴中加热烧瓶，使二茂铁溶解反应混合物，在水浴中加热 30min。

再将烧瓶放到冰水浴中彻底冷却，然后小心地往溶液中加入 0.5mL 冰水混合均匀，逐滴加入约 20~30 滴 3mol/L 的氢氧化钠至混合液为中性，用试纸检测，避免碱过量。

抽滤，在砂芯漏斗上收集产物，每次用 1.0mL 水洗涤，洗涤 4 次。将产物置于几张滤纸间挤干，将晶体干燥，备用。

（2）产品的纯化

方法一：薄层色谱分析

为了确定反应混合液中产物的分布情况，可用部分产物进行薄层色谱分析，用硅胶薄层色谱板。用毛细管点样，展开可在下图所示的具有毛玻璃片合盖的广口瓶中进行。

为了找到能高效分离乙酰二茂铁的溶剂体系，可通过改变溶剂体系的极性来优化对反应产物的分离效果。溶剂极性可通过往乙酸乙酯（极性）中加入正己烷（非极性）来调整。配制正己烷：乙酸乙酯为 4：1、1：1、1：4 的混合溶剂。

将薄层色谱板在溶剂中展开，为了密切监测溶剂前沿，可于展开前在薄层色谱板上先绘出溶剂的起始线和停止线。在实验笔记本上画出薄层层析图，计算出色谱图上每个样品斑点的 R_f 值。通过反应产物在不同极性溶剂中的迁移情况考察溶剂的分离效果。

$$R_f = 组分斑点的迁移距离/溶剂前沿的迁移距离$$

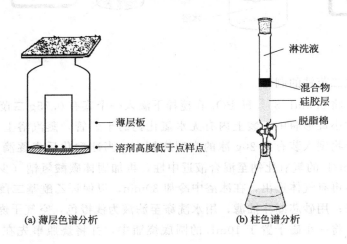

(a) 薄层色谱分析　　　　(b) 柱色谱分析

方法二：柱色谱分析

① 装柱。

a. 一个 30mL 色谱柱（可用酸式滴定管代替）垂直装置，以 25mL 的锥形瓶作为洗脱液的接收器。用镊子取少许脱脂棉放入色谱柱底部，轻轻塞紧。

b. 取 30mL 硅胶溶于石油醚，配成浆状，从柱顶倒下，使其均匀下沉。

c. 将二茂铁及其衍生物的混合物溶于少量无水乙醇中，再小心倒入柱顶，再于柱顶加入 5mm 石英砂（此时石英砂为红色），从柱顶加少量淋洗液（石油醚：乙醚＝3：1），至石英砂为白色，再于柱顶加淋洗液至满。

② 分离。

用淋洗液（石油醚：乙醚＝3：1）进行淋洗，以每秒 1 滴的速度接收淋出液；观察柱上的颜色迁移，分别收集二茂铁和乙酰二茂铁的溶液于小抽滤瓶中，分别为黄色、橙褐色，塞住瓶口，并用真空水泵抽除二茂铁和乙酰基二茂铁小抽滤瓶的溶剂至干。在烘箱中烘 10min，称重，计算产率。

（3）产品的检测

将分离纯化后得到的纯品，测其熔点并进行红外光谱及紫外光谱检测，确定分离后各个组分的结构。

【实验注意事项】

（1）中和时碳酸氢钠要少量多次加入，防止泡沫溢出。

（2）洗涤产物时水量不宜太多。

（3）二茂铁的熔点为 168.6～172.3℃，乙酰二茂铁的熔点为 89.5～91.2℃。

【思考题】

（1）制备乙酰二茂铁是利用了二茂铁的何种性质？

（2）本实验进行 Friedel-Crafts 酰基化反应时是以磷酸作催化剂的，除此之外还可以用什么作催化剂？举例说明。

（3）为何生成的二乙酰二茂铁的两个乙酰基不在一个环戊二烯环上？

（4）在制备乙酰二茂铁过程中为什么在反应瓶上要加干燥管？

（5）展开缸中展开剂高度超过层析板上点样线对薄层色谱有何影响？

（6）本实验采用三种不同配比展开剂的目的是什么？展开效果如何？

3.17　醋酸乙烯酯的乳液聚合

【实验目的】

（1）学习乳液聚合法制备聚醋酸乙烯酯乳液；

（2）了解乳液聚合机理及乳液聚合中各个组分的作用；

（3）了解高分子化合物的合成方法和自由基聚合的机理。

【实验原理】

乳液聚合是以水为分散介质，单体在乳化剂的作用下分散，并使用水溶性的引发剂引发单体聚合的方法，所生成的聚合物以微细的粒子状分散在水中。乳化剂的选择对稳定的乳液聚合十分重要，乳化剂起到降低溶液表面张力，使单体容易分散成小液滴，并在乳胶粒表面形成保护层，防止乳胶粒凝聚的作用。常见的乳化剂分为阴离子型、阳离子型和非离子型三种，一般多是离子型和非离子型配合使用。

市场上的"白乳胶"就是乳液聚合方法制备的聚醋酸乙烯酯乳液。乳液聚合通常在装备回流冷凝管的搅拌反应釜中进行：加入乳化剂、引发剂水溶液和单体后，一边搅拌，一边加热便可制得乳液。乳液聚合温度一般控制在 70～90℃之间，pH 值在 2～6 之间。由于醋酸乙烯酯聚合反应放热较大，反应温度上升显著，一次投料法要想获得高浓度的稳定乳液比较困难，故一般采用分批加入引发剂或者单体的方法。

$$nCH_2=\overset{\overset{O}{\|}}{CHOCCH_3} \xrightarrow{\text{引发剂}} \underset{\underset{\overset{O}{\|}}{OCCH_3}}{\overset{}{+CH_2CH+_n}}$$

醋酸乙烯酯乳液聚合机理与一般乳液聚合机理相似，但是由于醋酸乙烯酯在水中有较高的溶解度，而且容易水解，产生的醋酸会干扰聚合；同时，醋酸乙烯酯自由基十分活泼，链转移反应显著。因此，除了乳化剂，醋酸乙烯酯乳液生产中一般还加入聚乙烯醇来保护胶体。

醋酸乙烯酯也可以与其他单体共聚合制备性能更优异的聚合物乳液，如与氯乙烯单体共聚合可改善聚氯乙烯的可塑性或改良其溶解性；与丙烯酸共聚合可改善乳液的粘接性能和耐碱性。

【实验试剂及仪器】

试剂：醋酸乙烯酯 6.6g，聚乙烯醇（PVA）0.7g，十二烷基磺酸钠（DBS）0.025g，OP-10 0.05g，邻苯二甲酸二丁酯（DBP）0.7g，过硫酸铵，碳酸氢钠。

仪器：集热式磁力搅拌器，球形冷凝管，25mL 三口烧瓶，滴液漏斗，温度计等。

【实验装置图】

【实验步骤】

（1）安装仪器：安装反应装置。

（2）聚乙烯醇的溶解：在 25mL 三口烧瓶中加入 10mL 水、0.7g 聚乙烯醇和小磁子，装上温度计、冷凝管和滴液漏斗，水浴加热升温至（90±2）℃并搅拌至完全溶解。降温至 65℃，加入 0.025g 十二烷基苯磺酸钠和 0.05g OP-10，搅拌 5min。

（3）聚合：把 1.5g 醋酸乙烯酯和 0.3mL 5％的过硫酸铵溶液加入上述三口烧瓶中搅拌。在水浴中保持反应温度 65～75℃约 30min，当回流基本消失后，在 0.5h 内用滴液漏斗滴加 5.1g 醋酸乙烯酯，并分 5 次用滴管加入 5％的过硫酸铵水溶液 0.8mL。加完料后升温至 80～90℃，搅拌 20min，冷却至 50℃ 以下，加入 5%碳酸氢钠水溶液，调整 pH=6，然后加入 0.7g 邻苯二甲酸二丁酯，搅拌 5min，冷却至室温得白色乳状液。

(4) 产品分析：测定乳液的固含量和黏度。

【实验注意事项】

(1) 聚乙烯醇溶解要完全。

(2) 单体加料速度要均匀、稳定。用恒压漏斗缓慢滴加，补充单体。

(3) 温度控制要严格。

(4) pH 值测定：以 pH 试纸测定乳液 pH 值。

(5) 固含量测定：在培养皿（预先称量 m_0）中倒入 2g 左右的乳液并准确记录（m_1），于 105℃ 烘箱内烘烤 2h，称量并计算干燥后的质量（m_2），测其固体的百分含量：

$$固含量(\%,质量) = \frac{干燥后的质量\ m_2}{乳液质量\ m_1} \times 100\%$$

(6) 黏度测试：以 NDJ-79 型旋转式黏度计测试乳液黏度。选用 ×1 号转子，测试温度 25℃。

【思考题】

(1) 聚乙烯醇在反应中起什么作用？为什么要与乳化剂 OP-10 混合使用？

(2) 为什么大部分的单体和过硫酸铵用逐步滴加的方式加入？

(3) 过硫酸铵在反应中起什么作用？其用量过多或过少对反应有何影响？

(4) 为什么反应结束后要用碳酸氢钠调整 pH 值为 5～6？

(5) 简述各组分的作用。

3.18 微波辐射合成正溴丁烷

【实验目的】

(1) 了解微波辐射下合成正溴丁烷的原理；

(2) 学习微波加热技术合成正溴丁烷的实验操作方法。

【实验原理】

卤代烷可通过多种方法和试剂进行制备，如烷烃的自由基卤代和烯烃与氢卤酸的亲电加成反应等，但因产生的异构体混合物难以分离，实验室制备卤代烷最常用的方法是将结构对应的醇通过亲核取代反应转变为卤代物，常用试剂有卤化氢、三卤化磷、氯化亚砜。

本实验是微波加热条件下利用正丁醇与溴化氢反应制备正溴丁烷，反应式如下：

$$NaBr + H_2SO_4 \longrightarrow HBr + NaHSO_4$$

$$n\text{-}C_4H_9OH + HBr \longrightarrow n\text{-}C_4H_9Br + H_2O$$

【实验试剂及仪器】

试剂：1.5mL 正丁醇，3.0mL 浓硫酸，2.5g 溴化钠，饱和碳酸氢钠，饱和氯化钙，饱和氯化钠，无水硫酸钠。

仪器：烧杯 200mL 1 个，100mL 1 个，25mL 圆底烧瓶，微型直形冷凝管，球形冷凝管，1000W 家用微波炉。

【实验装置图】

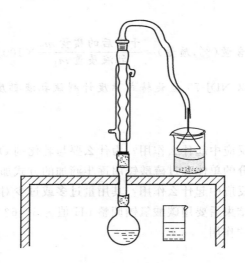

【实验步骤】

（1）制备：在干燥的 20mL 圆底烧瓶中加入 4.6mL 乙醇、2.9mL 冰醋酸和 0.5mL 浓硫酸，摇匀，投入沸石，放入微波炉安装一套带尾气吸收的回流装置，通入冷凝水。在低挡火力下回流 5min。冷却，再加入 0.5mL 浓硫酸，回流 5min，重复 2 次。反应完成后，待反应液冷却，卸下回流冷凝管，换上 75° 弯管，改为蒸馏装置，蒸出粗产品正溴丁烷，仔细观察馏出液，直到无油滴蒸出为止。

（2）纯化：将馏出液转入分液漏斗中，依次用等体积的水、1mL 浓硫酸、水、10% 的硫酸钠溶液和水洗涤，将下层产物转入干燥的锥形瓶中，加入块状无水氯化钠干燥。

（3）精馏：将干燥好的产物转入蒸馏瓶中加入沸石，加热蒸馏，收集 99～103℃ 的馏分。

【实验注意事项】

（1）硫酸分批加入，冷却后再加，如果加快，易炭化。

（2）微波炉调至低挡，加热 15min（水浴）。

（3）安装气体吸收装置。

（4）蒸馏时蒸至馏出液清亮。

（5）蒸馏收集温度为 92～94℃。正溴丁烷为无色透明液体，沸点为 101.6℃，折射率为 1.4398。

【思考题】

（1）酯化反应有什么特点？

（2）为什么要慢慢分批加入浓硫酸？

（3）为什么开始反应时反应液分为三层，每一层是什么物质？

（4）洗涤时，各步产品在哪层？

（5）为什么微波加速了反应的进程？

3.19　微波辐射合成肉桂酸

【实验目的】

（1）了解微波辐射条件下合成肉桂酸的原理和方法；

（2）进一步掌握微波加热技术的原理和实验操作方法。

【实验原理】

本实验是在微波炉中进行常压反应，将反应物和溶剂放入常法所用的玻璃器皿中，装上常法装置，反应物和溶剂吸收微波能量后便升温。微波作用下反应体系能快速升温，并发生反应。

芳香醛和醋酸在碱催化作用下，生成 α,β-不饱和芳香醛，称 Perkin 反应，催化剂通常是相应酸酐的羧酸钾或钠盐，有时也可用碳酸钾或叔胺代替。

制备肉桂酸的反应方程式如下：

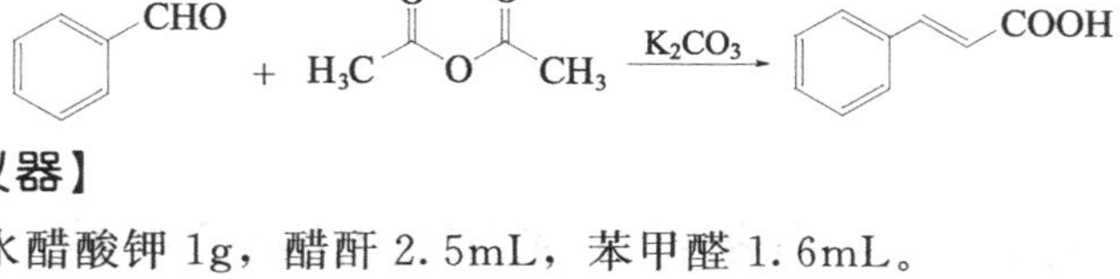

【实验试剂及仪器】

试剂：无水醋酸钾 1g，醋酐 2.5mL，苯甲醛 1.6mL。

仪器：烧杯 200mL 1 个、100mL 1 个，25mL 圆底烧瓶，微型直形冷凝管，球形冷凝管，1000W 家用微波炉。

【实验装置图】

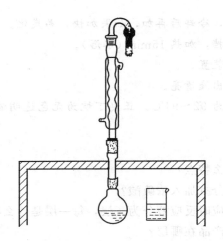

【实验步骤】

（1）制备：在干燥的 10mL 圆底烧瓶中加入 1.6mL 苯甲醛、2.5mL 醋酐和 1g 无水碳酸钾，摇匀，投入沸石，放入微波炉安装一套带干燥管的回流装置，通入冷凝水。在中低挡火力下回流 15min。

（2）纯化：反应完毕，冷却反应物，用 10% Na₂CO₃ 中和至 pH 值为 8～9，水蒸气蒸馏至馏出液无油珠为止。残留液加入少量活性炭及适量水，加热煮沸 5min，趁热过滤。在冰水浴冷却下，将滤液小心用浓 HCl 酸化至 pH 值为 2～3，待结晶全部析出后，抽滤，以少量水洗涤，干燥得粗产品。粗产品可用热水 1∶3 的乙醇溶液重结晶。产品为白色晶体。

【实验注意事项】

（1）无水醋酸钾需新鲜焙烧。水是极性物质能大量吸收微波，影响反应吸收微波的效率。

（2）反应进行到一定程度，可见有一黄色层在烧瓶内上层。

（3）苯甲醛为白色片状结晶。

【思考题】

用无水醋酸钾作缩合剂，回流结束后加入固体碳酸钠，使溶液呈碱性，此时溶液中有哪几种化合物，各以什么形式存在？

3.20　超声条件下苯甲酸甲酯的合成

【实验目的】

（1）熟悉超声反应基本反应装置及正确的使用方法；

（2）掌握超声条件下苯甲酸甲酯的制备方法。

【实验原理】

$$\text{C}_6\text{H}_5\text{COOH} + \text{CH}_3\text{OH} \Longrightarrow \text{C}_6\text{H}_5\text{COOCH}_3 + \text{H}_2\text{O}$$

【实验试剂及仪器】

　　试剂：苯甲酸，无水甲醇，硫酸。

　　仪器：超声清洗器，圆底烧瓶，球形冷凝管，分液漏斗，直形冷凝管，克氏蒸馏头，真空泵。

【实验步骤】

　　在 20mL 圆底烧瓶中加入 1.5g 苯甲酸、5mL 无水甲醇和 0.5mL 5mol/L 硫酸混合，置于超声清洗器的水槽中，装上回流冷凝装置，加热至 50℃，在功率 500W 下超声 35min。反应混合物加入 5mL 水，以 5mL 二氯乙烷提取三次，油层依次以 10% 碳酸氢钠溶液、水进行洗涤，蒸干溶剂后，减压蒸馏，收集 103℃/2.67kPa 馏分（沸点 212～213℃）。

【思考题】

　　（1）酯化反应的特点是什么？

　　（2）比较普通加热、微波加热和超声加热反应的异同。

3.21　超声波辅助橙皮中提取柠檬烯

【实验目的】

　　（1）了解从橙皮中提取柠檬烯的实验原理；

　　（2）熟悉从天然原料到产品分析的全过程；

　　（3）学习超声波辅助对天然产物提取的实验技术。

【实验原理】

　　精油是从植物组织中得到的挥发性成分的总称。大部分具有令人愉快的香味，主要组成为单萜类化合物。挥发油常温下多为无色或者微带淡黄色的油状透明液体，少数有其他颜色。一般具有香气或者特殊气味，接触皮肤和黏膜有辛辣烧灼感。在工业上经常用水蒸气蒸馏的方法来收集精油。柠檬、橙子和柚子等水果果皮得到一种精油，其主要成分（90% 以上）是柠檬烯。

　　柠檬烯属于萜类化合物。萜类化合物是指基本骨架可看作由两个或更多的异戊二烯以头尾相连而构成的一类化合物。根据分子中的碳原子数目可以分为单萜、倍半萜和多萜等。柠檬烯是一环状单萜类化合物，它的结构式如下：

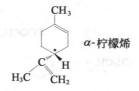

分子中有一手性碳原子，故存在光学异构体。存在于水果果皮中的天然柠檬烯是以（＋）或 α- 的形式出现，通常称为 α-柠檬烯，它的绝对构型是 R 型。

本实验将利用超声波从橙皮中提取柠檬烯。超声波萃取主要是利用超声波在液体中的空化作用加速植物有效成分的浸出提取。另外，还利用其次效应，如机械振动、扩散、击碎等，使其加速被提取成分的扩散、释放。

【实验试剂及仪器】

试剂：鲜橙皮 5g，95％乙醇 10mL，二氯甲烷 30mL，无水硫酸钠。

仪器：食品粉碎机，超声波清洗器，锥形瓶，分液漏斗，旋转蒸发仪等。

【实验步骤】

（1）加料：锥形瓶加入绞碎的鲜橙皮 5g 和 10mL 95％乙醇，置于 60℃水的超声波清洗器中，超声功率 80％，超声约 40min。

（2）过滤：将锥形瓶中的物质转移至漏斗中，尽量使液体分离干净。

（3）萃取：将滤液加入分液漏斗中，每次用 5mL 二氯甲烷萃取 3 次。合并萃取液，置于干燥的锥形瓶中，加入适量无水硫酸钠干燥。

（4）浓缩：将干燥好的溶液滤入一个准确称重的蒸馏瓶中，在旋转蒸发仪上至完全除净溶剂为止。最后瓶中只留下少量橙黄色液体即为橙油。

（5）产率计算：称量橙油的质量，并计算产率。

【思考题】

（1）在催化剂存在下，D-柠檬烯和两分子氢加成的产物是什么？还有光学活性吗？

（2）保持柠檬烯的骨架不变，写出另外几个同分异构体。

（3）橙皮中柠檬烯还可用水蒸气蒸馏法进行提取，设计一套水蒸气蒸馏法对橙皮中柠檬烯提取的实验装置和实验方案。

3.22　2-甲基-2-己醇的制备

【实验目的】

（1）掌握格氏试剂的制备及无水的操作；

（2）掌握萃取的技术和复习蒸馏操作。

【实验原理】

格氏试剂的化学性质非常活泼，能与含活泼氢的化合物（如水、醇、羧酸等）、醛、酮、酯和二氧化碳等起反应。在实验中，所用的仪器必须仔细干燥，所用的原料也都必须经过严格的干燥处理。

$$CH_3CH_2CH_2CH_2Br + Mg \xrightarrow{\text{无水乙醚}} CH_3CH_2CH_2CH_2MgBr$$

$$\underset{\quad}{CH_3-\overset{\displaystyle O}{\overset{\|}{C}}-CH_3} + CH_3CH_2CH_2CH_2MgBr \xrightarrow{\text{无水乙醚}}$$

$$\underset{\displaystyle CH_2CH_2CH_2CH_3}{\underset{|}{CH_3-\overset{\displaystyle OMgBr}{\overset{|}{C}}-CH_3}} \xrightarrow[\text{H}_2\text{O}]{\text{浓 H}_2\text{SO}_4} \underset{\displaystyle CH_2CH_2CH_2CH_3}{\underset{|}{CH_3-\overset{\displaystyle OH}{\overset{|}{C}}-CH_3}}$$

【实验试剂及仪器】

试剂：镁条，正溴丁烷，四氢呋喃，碘，丙酮，浓硫酸，10%碳酸钠溶液，无水碳酸钾，冰，氯化钙。

仪器：25mL 三口烧瓶，回流冷凝管，滴液漏斗，干燥管，细口瓶，分液漏斗。

【实验步骤】

（1）在干燥的 25mL 三口烧瓶上，安装回流冷凝管和滴液漏斗，回流冷凝管和滴液漏斗的口上装有氯化钙的干燥管。

（2）将 0.325g（0.03mmol）洁净的镁条和 3mL 干燥的四氢呋喃加入三口烧瓶中，在滴液漏斗中加入 2mL 干燥的四氢呋喃和 1.6mL（2.5g、0.015mol）干燥的正溴丁烷。先从滴液漏斗中放出 1mL 混合液至反应瓶中，加入一小粒碘引发反应，并摇动反应液，观察实验现象，反应开始后，慢慢滴入其余的正溴丁烷溶液，滴加速度以保持反应液微微沸腾与回流为宜。混合物滴加完毕，用热水浴（禁止用明火）加热回流至镁屑全部作用完毕。

（3）将 1.1mL（0.87g、0.015mol）干燥的丙酮和 3mL 四氢呋喃加到滴液漏斗中，反应在冰水浴冷却下滴加丙酮溶液，加入速度以保持反应液微沸，加完后移去冰水浴，在室温下放置 15min。反应液应呈灰白色黏稠状。

（4）反应液在冰水浴冷却下，自滴液漏斗慢慢加入 0.7mL 浓硫酸和 8.5mL 水的混合液（反应较剧烈，注意滴加速度），使反应物分解，反应液移入细口瓶保存。

（5）将反应液倒入分液漏斗，分出下面水层，醚层用 5mL10%碳酸钠溶液洗涤，分出的碱层与第一次分出的水层合并后，用 5mL 普通乙醚萃取两次。合并醚层，加入无水碳酸钾干燥。干燥后的乙醚溶液用热水浴蒸出乙醚（回收，注意蒸馏乙醚时，尾气必须引出，实验室不能有明火，并打开窗户 15min 后，才能用明火），收集 137～142℃的馏分。产品称重，测定所得产物折射率，检验其纯度。

【实验注意事项】

(1) 所用仪器及试剂必须充分干燥。

(2) 镁屑应用新制的，已除去表面氧化膜。

(3) 2-甲基-2-己醇与水能形成共沸物（沸点 87.4℃，含水 27.5%），因此，蒸馏产品 2-甲基-2-己醇前必须很好地干燥，否则前馏分很多。

(4) 纯 2-甲基-2-己醇为无色液体，沸点 141～142℃，折射率 1.4170，相对密度 0.812。

【思考题】

(1) 在格氏试剂的合成和加成反应中，所有仪器和药品为什么必须干燥？

(2) 如果反应不能立即开始，应采取什么措施？

(3) 本实验可能有哪些副反应，应如何避免？在产品的馏分之前蒸出的前馏分可能是何物？

(4) 讨论各种干燥剂的适用范围，此实验的粗产品为何不用氯化钙干燥？

3.23　三苯甲醇的制备

【实验目的】

(1) 了解 Grignard 试剂的制备、应用和进行 Grignard 反应的条件；

(2) 掌握搅拌、回流、蒸馏（包括低沸点物蒸馏）等操作。

【实验原理】

三苯甲醇可以通过 Grignard 反应，苯甲酸乙酯与苯基溴化镁的反应得到二苯甲酮后，二苯甲酮再与苯基溴化镁的反应得到。

【实验试剂及仪器】

试剂：镁条，苯甲酸乙酯，无水乙醚，碘，无水氯化钙，氯化铵。

仪器：25mL 三口烧瓶，回流冷凝管，滴液漏斗，干燥管，细口瓶，分液漏斗。

【实验步骤】

在 25mL 三口烧瓶上，分别装上回流冷凝管和滴液漏斗，在冷凝管及滴液漏斗的上口装有氯化钙干燥管。瓶内放入 0.2g（0.008mol）去除氧化膜的镁条及一小粒碘。在滴液漏斗中加入 1mL（0.0095mol）溴苯和 5mL 无水乙醚，混匀。

从滴液漏斗中滴入约 1～2mL 溴苯-乙醚混合液于三口烧瓶中（若不反应，可用温水浴温热），待反应开始后，把剩余的溶液缓缓滴入烧瓶中，维持反应液呈微沸状态，搅拌。加毕，在水浴上回流 0.5h，使镁条几乎作用完。稍冷，在振摇下自滴液漏斗中慢慢滴入 0.45mL（0.0032mol）苯甲酸乙酯和 1mL 无水乙醚的混合液，用温水浴回流 20min。

烧瓶用冷水冷却，在冰水浴中于搅拌下由滴液漏斗慢慢滴加氯化铵溶液（由 1g NH$_4$Cl 和 4mL 水配成），将反应装置改成低沸点蒸馏装置，在水浴上蒸去乙醚，瓶中剩余物冷却后凝为固体，抽滤，粗产品用 2∶1 的石油醚（90～120℃）-95％乙醚进行重结晶。干燥后，产量称重（产率约 48％）。

【思考题】

（1）本实验的成败关键何在？为什么？为此你采取了什么措施？

（2）本实验中溴苯滴加太快或一次加入，有何影响？

3.24　抗氧化剂 BHT 的制备

【实验目的】

（1）了解抗氧化剂 BHT 的制备原理和方法；

（2）掌握实验中所用的实验操作技术；

（3）了解食品抗氧化剂的作用原理。

【实验原理】

食品加工、运输和储存期间，为了防止物理、化学、酶及微生物作用等而引起的食品色、香味异常，营养成分被破坏损失，甚至腐败变质，常常需要使用食品保护剂，包括防腐剂、抗氧化剂、保色剂、保香剂、涂膜剂等。

空气中的氧会引起某些物质变质。如油脂变膻，是组成油脂的不饱和脂肪酸被氧化所致。氧化还会使水果和蔬菜失去维生素 C 产生褐色，或破坏其他维生素。

有些食品经加工后，与空气接触面增大，更易被氧化。为了防止食品的氧化，可以加入少量允许使用的抗氧化剂。

抗氧化剂是一些能阻止自动氧化反应过程的化合物。自动氧化会在有机物中自动引入氧，从而引起食物、橡胶和许多其他物质发生氧化降解。

自动氧化的主要反应是自由基反应，主要步骤如反应(1)～反应(4)所示：

引发阶段：

$$RH + X \cdot \longrightarrow HX + R \cdot \qquad (1)$$

链传递（或链增长）阶段：

$$R \cdot + O_2 \longrightarrow RO_2 \cdot \qquad (2)$$

$$RO_2 \cdot + RH \longrightarrow RO_2H + R \cdot \qquad (3)$$

$$RO_2H \longrightarrow RO \cdot + \cdot OH \longrightarrow 氧化降解产物 \qquad (4)$$

在这个过程中，重要的中间体是过氧基 $RO_2 \cdot$ 和氢过氧化物 RO_2H。反应（4）中的氢过氧化物分解为反应（1）提供了更多的自由基，并会产生多种最终产物。在某些有机溶剂如醚类中，对自动氧化很敏感，因为它们会形成相对稳定的烯丙基自由基。

抗氧化剂有自由基吸收剂：如酚类抗氧化剂、维生素 E、类胡萝卜素。氧清除剂：如类胡萝卜素及其衍生物、抗坏血酸、抗坏血酸棕榈酸酯、异抗坏血酸和异抗坏血酸钠等。金属离子螯合剂：枸橼酸、EDTA 和磷酸衍生物。

2,6-二叔丁基-4-甲基苯酚，分子式 $C_{15}H_{24}O$，对小白鼠的半致死量 LD_{50} 为 1600～3200mg/kg。熔点为 66～68℃，沸点为 265℃，白色晶体，无臭，无味，具有很好的稳定性，不溶于水、甘油、丙二醇，溶于甲醇、乙醇和石油醚。

本实验用具有高活性环的对甲酚与叔丁醇、硫酸发生烷基取代反应，制备 BHT。

本实验中，要严格控制反应条件和反应物摩尔比，否则副产物会干扰 BHT 的分离。把硫酸的浓度由 96％降到 75％，取代的 2,6-二叔丁基-4-甲基苯酚会成为主产物。高的酸强度和过量的叔丁醇有利于二取代产物的生成，但过量的醇又会导致脱水反应，产生二异丁烯，使产物变得更加复杂。对甲苯酚和浓硫酸的质量比为 100：(4～5)。

BHT 的测定可用气相色谱法、分光光度法等。分光光度法中，可利用 BHT 与 α,α-联吡啶-三氯化铁生成的橘红色络合物在 520nm 处有吸收峰来测定，也可利用 BHT 在 277～283nm 处有吸收峰，直接用紫外分光光度法进行测定。

【实验试剂及仪器】

试剂：对甲苯酚，冰醋酸，叔丁醇，浓硫酸，无水硫酸钠，氢氧化钾，乙醚，BHT。

仪器：控温式磁力搅拌器，紫外分光光度计，减压蒸馏装置，循环水式多用真空泵，分液漏斗，熔点测定装置。

【实验步骤】

（1）制备：在一个干燥的 25mL 圆底烧瓶中放入 1.1g 对甲苯酚（0.01mol）、0.5mL 冰醋酸和 2.8mL 叔丁醇（2.2g，0.03mol）。用磁力搅拌使固体完全溶解。然后将烧瓶置于冰水浴中冷却，使反应物冷却至 0～2℃。在冰水浴中边磁力搅拌，边用滴管将 2.5mL 浓硫酸慢慢滴入反应物中。若反应物变成粉红色，应暂停滴加浓硫酸。硫酸加毕后，烧瓶仍置于冰浴中继续搅拌 30min，以使反应完全。

（2）纯化：取出圆底烧瓶加入冰水至刚充满烧瓶，将瓶内混合物倒入分液漏斗中。再用 10mL 冰水洗涤原烧瓶，并倒入分液漏斗中。有机层用 20mL 乙醚分两次萃取，用力摇晃 1～2min。待溶液分层后，弃去水层，醚层分别用 10mL 的水和 2%氢氧化钾溶液洗涤一次，再用 pH 试纸检测乙醚层至中性或碱性后，用无水 Na_2SO_4 干燥乙醚层溶液。

滤除 Na_2SO_4 后，将醚层转移至圆底烧瓶中，安装蒸馏装置。水浴加热蒸去乙醚，然后再在减压下蒸除二聚异丁烯（沸点 101～105℃）。减压蒸馏约 10min，蒸出的二异丁烯会在冷凝管上冷凝为液体。

冷却剩余的液体到室温，用玻璃棒摩擦容器壁，使结晶析出，并用冰盐水浴冷却，使结晶完全。收集晶体于布氏漏斗中的滤纸上，尽可能地将其中的油状母液压出后，称粗产品的质量。

（3）测定熔点和产率计算：每克粗产品约加 2mL 无水乙醇进行重结晶，收集产生的晶体，称重并测定熔点。若熔点低，则要用无水乙醇进行重结晶，计算最后产品的产率和测定熔点。

编号	样品		
	粗熔/℃	全熔/℃	熔程/℃
1（粗）			
2（精）			
3（精）			

（4）含量测定：BHT 的测定可用气相色谱法、分光光度法等。在分光光度法中，可利用 BHT 与 α,α-联吡啶-三氯化铁生成的橘红色络合物在 520nm 处有吸收峰来测定，也可以利用 BHT 在 277～283nm 处有吸收峰，直接用紫外分光光度法

进行测定。本实验用紫外分光光度法。

① 标准曲线的绘制。准确称取 0.0250g BHT 稀释至 25mL 配成每毫升 1mg BHT 的标准溶液。分别吸取标准溶液 0.0mL、0.5mL、1.0mL、1.5mL、2.0mL、3.0mL 于 50mL 的棕色容量瓶中，用乙醇稀释至刻度，摇匀，配成每毫升 0.0mg、10.0mg、20.0mg、30.0mg、40.0mg、60.0mg 的标准系列，于紫外分光光度计 280nm 处测定吸光度，绘制标准曲线。

② 样品测定。准确称取实验制得的产品 0.0250g，加入少量无水乙醇溶解后置于 25mL 的棕色容量瓶中，用无水乙醇定容到 25mL。吸取此溶液 1mL，再稀释到 25mL，摇匀，于紫外分光光度计 280nm 处测定吸光度，从标准曲线上查得相应 BHT 的浓度，并计算产品中 BHT 的百分含量。

【思考题】

(1) 计算烃基化时所用的对甲苯酚和叔丁醇的物质的量。

(2) 二异丁烯是两种同分异构体的混合物，它们是由丁醇与浓硫酸反应而产生的，写出反应式和产物的结构式。

(3) 写出制备 BHT 的反应机理。

第4章 设计性实验

4.1 设计性实验的一般要求

1. 完成设计性实验的一般步骤

（1）选择实验课题；

（2）根据所选课题查阅资料；

（3）拟订实验方案，包括实验目的、基本实验设备和药品、基本实验步骤、实施步骤，交指导教师审批后形成详细的实验计划；

（4）选择适当仪器、组装实验仪器；

（5）进行实验，测定可靠的实验数据；

（6）结果与讨论；

（7）以论文的形式写出实验报告。

2. 方案格式

（1）综述所选设计课题的作用和意义；

（2）说明所设计的实验原理和方法等；

（3）所需仪器和药品；

（4）基本实验步骤；

（5）列出参考文献；

（6）方案可行性分析。

3. 报告格式

（1）前言：综述所选设计课题的作用和意义；

（2）说明所设计的实验原理和方法等；

（3）实验部分：包括仪器和药品，简述实验过程；

（4）结果讨论：包括对实验数据的处理，实验现象的分析以及与其他实验方法的比较等；

（5）总结：对进行设计性实验的体会、心得与建议等；

（6）列出参考文献［顺序：作者、题目、杂志名或书名、出版年，卷（期）：页码］；参考文献序号作为角标列于文中。

注：实验方案不能抄袭，实验方案设计统一用普通实验报告纸（不需用有机实验报告纸），设计性实验报告统一用 A4 纸。

4.2 液体洗涤剂的配制

污垢的组成是很复杂的，但它们都具有憎水性质。各种污垢成分以分子间引力粘连一起，又由于物理吸附、化学吸附、静电吸引等作用而粘附在被洗物品的表面上，单纯水洗难以清除干净。液体洗涤剂使用十分方便，在洗涤过程中，洗涤剂溶液首先将污垢及被洗物的表面润湿，并向其孔隙内部渗透。在洗涤时的机械力（如揉搓、刷洗、搅拌、加压喷淋、超声波振荡等）的作用下，表面活性剂通过界面吸附、乳化、分散、增溶等过程，将污垢分散成亲水性粒子，从被洗物的表面脱离出来。

液体洗涤剂主要由以下原料配制而成。

（1）表面活性剂　主要有烷基苯磺酸钠（LAS）、烷基磺酸钠（AS）、脂肪醇硫酸钠（FAS）、脂肪醇聚氧乙烯醚硫酸钠（AES）、烯基磺酸钠（AOS）、脂肪醇聚氧乙烯醚（AEO）、烷基酚聚氧乙烯醚等。

（2）助剂　主要有三聚磷酸钠、硫酸钠、水玻璃（泡花碱）、柠檬酸钠、羧甲基纤维素钠、烷醇酰胺、酶、助溶剂、杀菌剂、香精、色素等。

【实验要求】

（1）查阅文献综述：液体洗涤剂的种类、作用和意义，说明洗涤剂性能测试的原理和方法等；

（2）了解液体洗涤剂生产情况，提出合理配方和配制方法，完成液体洗涤剂的制备、测试及应用；

（3）产品要求原料易获取，价格低廉，无毒，洗涤方便，去污能力强；

（4）认真观察现象，做好实验记录，写出论文式实验报告。

【参考文献】

[1] 蔡干，曾汉维，钟振声合编．有机精细化学品实验．北京：化学工业出版社，1997.

[2] 北京日用化学会编．化工产品手册（日用化工产品）．北京：化学工业出版社，1989.

【实验设计的参考要求表】

参考药品	参考仪器	要　求	备　注
十二烷基苯磺酸、十二烷基硫酸钠、氢氧化钠、过碳酸钠等；表面活性剂、柔顺剂、增稠剂、防腐剂等	电动搅拌器、泡沫仪、滴定装置等	（1）查阅资料，了解各种表面活性剂的性质，独立设计不同原料配比洗涤剂的制备方案； （2）掌握常用日用化学品的制备方法； （3）根据所做实验，撰写论文式报告	（1）制备十二烷基苯磺酸钠； （2）液体洗涤剂包括棉麻化纤用洗涤剂、丝毛用洗涤剂、手洗餐具用洗涤剂、沐浴液、洗手液等； （3）性能测试包括稳定性、pH值、泡沫、表面活性物质、去污力等

4.3　从天然产物中提取香精

天然香料大多数从植物中提取得到。植物天然香料有四种提取方法，即水蒸气蒸馏、压榨、浸提和吸收等方法。

（1）蒸馏法

芳香成分多数具有挥发性，可以随水蒸气逸出，而且冷凝后因其水溶性很低而易与水分离。因此水蒸气蒸馏是提取植物天然香料应用最广的方法。但由于提取温度较高，某些芳香成分可能被破坏，香气或多或少地受到影响，所以，由水蒸气蒸馏所得到的香料，其留香性和抗氧化性一般较差。

（2）压榨法

用压榨法可从果实（例如柠檬、柑橙等）中提取芳香油。此类果实的香味成分包藏在油瓢中，用压榨机将其压破即可将芳香油挤出，经分离和澄清可得到压榨油。压榨加工通常在常温下进行，香精油中的成分很少被破坏，因而可以保持天然香味。但制得的油常带颜色，而且含有蜡质。

（3）浸提法（萃取法）

适用于香组分易受热破坏和易溶于萃取溶剂的香料。目前主要用于从鲜花中提取浸膏和精油。通常是将鲜花置于密封容器内，用有机溶剂冷浸一段时间，然后将溶剂在适当减压下蒸馏回收，得到鲜花浸膏。这样得到的香料，其香气成分一般比较齐全，留香持久，但也含色素和蜡质，并且水溶性较差。必要时，萃取可在适当加热的条件下进行。

【实验要求】

（1）查阅文献了解植物香料的生产情况，选用适当的植物和科学的提取方法进行提取。

（2）认真观察现象，做好实验记录，写出实验报告。

【参考文献】

［1］宋启煌主编．精细化工工艺学．北京：化学工业出版社，1995.4.

［2］蔡干、曾汉维、钟振声合编．有机精细化学品实验．北京：化学工业出版社，1997，1.

【实验设计的参考要求表】

参考药品	参考仪器	要　　求	备　　注
橘子皮、茶叶、柠檬、柑橙、二氯甲烷、乙醇、丙酮等	水蒸气蒸馏、索式提取器、回流、气相色谱仪等	(1)查阅资料,了解各种天然香精、香料的提取方法,独立设计出一种植物中色素的提取方案; (2)了解方案中所涉及的基本操作原理和要领; (3)根据所做实验,撰写论文式报告	橘子皮、茶叶、柠檬、柑橙、等植物中任选一种,药品、仪器根据方案选用

4.4 从植物中提取天然色素

天然色素具有营养、安全、保健、辅疗等多种作用，应用前景非常广泛。目前使用的天然色素品种很多，如辣椒红、红曲红、栀子黄、栀子蓝、姜黄、叶绿素、β-胡萝卜素、甜菜红、高粱红、叶黄素、紫草红、萝卜红、紫甘蓝、紫甘薯、紫苏、红花黄等。

从天然植物中提取天然色素的主要方法有：溶剂法、水蒸气蒸馏法、升华法等，后两种方法应用范围有限，大多数情况下采用溶剂提取法。

溶剂提取法，按操作方式又可分为浸渍法、渗漉法、回流提取法及索氏提取法等，溶剂提取法是通过粉碎、脱脂、浸提、过滤、浓缩、分离纯化等过程进行提取的方法。在溶剂提取法中，溶剂的选择是最重要的。溶剂选择的主要依据是根据目标成分与杂质的性质差别、溶剂的溶解能力来确定，此外，为增加和提高提取效率，可以采用将物料粉碎，经适当加热，微波、超声波加热，超临界 CO_2 萃取，催化萃取和酶工程等技术。

常用的分离纯化方法有：①根据物质溶解度的差异来进行分离，如重结晶、溶剂提取法等；②根据物质在两相溶剂中分配比的不同来进行分离，如萃取分离、分配层析法等；③根据物质吸附性的差异来进行分离，如硅胶层析、氧化铝层析、大孔树脂层析吸附等；④根据物质分子大小来进行分离，如透析法、超滤法、陶瓷膜等。

天然产物的鉴别与结构确定有化学方法和波谱学两种方法，目前波谱学方法应用更广。

【实验要求】

(1) 查阅文献了解天然色素的生产情况，选用适当的植物和科学的提取方法进行提取。

(2) 认真观察现象，做好实验记录，写出实验报告。

【参考文献】

[1] 宋启煌主编. 精细化工工艺学. 北京：化学工业出版社，1995，4.
[2] 丁长江主编. 有机化学实验. 北京：科学出版社，2006，6.
[3] 程青芳主编. 有机化学实验. 南京：南京大学出版社，2006，1.

【实验设计的参考要求表】

参考药品	参考仪器	要 求	备 注
菠菜、番茄、辣椒、黄杨叶、胡萝卜、橘子皮等 乙醇、石油醚、丙酮、中性氧化铝、硅胶等	萃取 索式提取器 回流 薄层色谱 柱色谱 紫外分光光度计	(1)查阅资料，了解各种天然产物提取方法，独立设计出一种植物中色素的提取方案； (2)了解方案中所涉及的基本操作原理和要领； (3)根据所做实验，撰写论文式报告	菠菜、番茄、辣椒、黄杨叶、胡萝卜、橘子皮等植物中任选一种，药品、仪器根据方案选用

4.5　茶叶中咖啡因的提取与纯化

咖啡因具有兴奋大脑皮层、增强机体免疫功能和强心利尿等作用，在制药以及一些高级饮料和香烟中作为添加剂使用。咖啡因可由人工合成或天然提取。由于人工合成的咖啡因含有原料残留，长期食用会产生残毒作用，为此有的国家已禁止在饮料中使用合成咖啡因。天然咖啡因则身价倍增，其市场价格往往是人工合成产品的 3～4 倍，甚至更高。咖啡豆、可可豆是咖啡因含量较高的天然产物，但我国资源有限。茶叶含咖啡因虽然较低，但我国是产茶大国，资源丰富。在茶叶的加工过程中产生大量的茶末、茶灰、茶梗，如何利用这些废茶料和低档茶提取市场紧俏的咖啡因，增值增收，满足市场需求，具有重要意义。

茶叶的成分很复杂，有单宁、茶碱（1,3-二甲基黄嘌呤）、咖啡因、蛋白质、碳水化合物、挥发性物质、树脂、胶质、果胶素、维生素 C、灰分等。茶叶中一般含咖啡因约 2%～4%。从茶叶中提取咖啡因的方法很多，其中溶剂法和升华法较普遍。而溶剂提取法按操作方式又可分为浸渍法、渗漉法、回流提取法及索式提取法等；按提取溶剂可分为单一溶剂和混合溶剂等；此外为增加和提高提取效率可以采用将物料粉碎适当加热，微波、超声波加热，超临界萃取和酶工程等技术。

【实验要求】

（1）根据查阅的文献资料，设计从茶叶中提取咖啡因的实验方案。

（2）根据实验方案，准备实验所需的仪器与试剂。先从茶叶提取咖啡因的粗产品（主要是溶剂提取法，包括回流提取、索式提取等），再对粗产品进行提纯（有萃取、重结晶、升华等方法）。

（3）在对茶叶中咖啡因的提取和纯化过程中，认真观察实验现象，做好实验记录。

（4）根据论文格式要求，撰写实验报告。

【参考文献】

[1] 宋启煌主编 . 精细化工工艺学 . 北京：化学工业出版社，1995，4.

[2] 蔡干，曾汉维，钟振声合编 . 有机精细化学品实验 . 北京：化学工业出版社，1997，1.

[3] 周科衍，高占先 . 有机化学实验 . 第 3 版 . 北京：高等教育出版社，1996.

[4] 高占先 . 有机化学实验 . 第 4 版 . 北京：高等教育出版社，2004.

【实验设计的参考要求表】

参考药品	参考仪器	要　　求	备　注
茶叶、乙醇、甲醇、水及其他溶剂	回流提取、索氏提取、微波炉、超声波清洗器等	(1)任选一种溶剂、一种提取方式和纯化方式,查阅资料,独立设计一套茶叶中咖啡因的提取方案,并进行实验; (2)了解方案中所涉及的基本操作原理和要领; (3)根据所做实验,撰写论文式报告	以 1g 茶叶为原料

4.6　羧酸酯类香精的合成

　　羧酸酯是一类重要的化工原料,低级的酯一般都具有水果香味,可作香料(如醋酸异戊酯具有香蕉香味,戊酸乙酯具有苹果香味等)。液态的酯能溶解很多物质,故可作溶剂(醋酸乙酯等)。有些酯还可以作为塑料、橡胶的增塑剂。

　　以乙酸辛酯为例:乙酸辛酯具有橘子、茉莉和桃子似香气,天然品存在于苦橙、绿茶等中,是我国 GB 2760—86 规定允许使用的食用香料,同时被 FEMA(美国食用香料与提取物制造协会)认定对人体是安全的,FDA(美国食品及药物管理局)也批准其用于食品。乙酸辛酯主要用以配制桃子、草莓、树莓、樱桃、苹果、柠檬和柑橘类香精,也可用于日化香精配方中。

　　传统羧酸酯类的合成都是用浓硫酸作催化剂,由相应醇与酸酯化而得。但由于浓硫酸作催化剂合成酯化反应具有产品的精制和原料的回收困难、酯的质量差、产生大量废液、污染环境、浓硫酸严重腐蚀设备等缺点,所以近年来,人们选择环境友好型催化剂催化酯化反应,倡导绿色化学。已发现氨基磺酸、结晶固体酸、杂多酸、无机盐等均可作为酯化反应的催化剂。合成方法也由单一的加热向微波、超声波等多元发展。

　　随着生活水平的提高,消费者对食品、饮料的口味、口感要求越来越高,这就需要大量使用香精、香料来迎合消费者,促进了食品企业对香精、香料的应用。研究和开发出高效、环保的催化剂,是羧酸酯类香料合成的研究发展方向。

【实验要求】

　　(1) 本实验要求同学选择一个自己喜欢的香型的酯作为目标产物,设计合成路线、试剂、催化剂,合成方法自选。

　　(2) 查阅文献对设计合成路线进行可行性分析。

　　(3) 认真观察现象,做好实验记录,写出实验报告。

【参考文献】

　　[1] 丁长江. 有机化学实验. 北京:科学出版社,2006,6.

　　[2] 程青芳. 有机化学实验. 南京:南京大学出版社,2006,1.

［3］张富捐，路永才．钨硅酸催化合成乙酸辛酯．许昌学院学报，2004.

［4］黄金凤，王世铭．TiO$_2$ 负载杂多酸催化合成乙酸正丁酯．福建化工，2003.

［5］刘树文．合成香料技术手册．北京：中国轻工业出版社，2000.

【实验设计的参考要求表】

参考药品	参考仪器	要　　　求	备　　　注
乙酸、丁酸、苯甲酸、乙醇、异戊醇、辛醇等	回流、蒸馏、磁力搅拌器、微波炉、超声波清洗器等	(1)查阅资料,独立设计羧酸酯类香精的合成方案； (2)了解方案中所涉及的基本操作原理和要领； (3)根据所做实验，撰写论文式报告	任选一种香型羧酸酯，药品、仪器根据方案选用

4.7　苯甲酸的合成

　　苯甲酸又称安息香酸，为具有苯或甲醛气味的鳞片状或针状结晶，具有苯或甲醛的臭味。以游离酸、酯或其衍生物的形式广泛存在于自然界中，其熔点122.13℃，沸点249℃，相对密度 1.2659（15℃/4℃）。苯甲酸是弱酸，都能形成盐、酯、酰卤、酰胺、酸酐等，不易被氧化。

　　苯甲酸及其钠盐可用作乳胶、牙膏、果酱或其他食品的抑菌剂，也可作染色和印色的媒染剂。也可以用作制药和染料的中间体，用于制取增塑剂和香料等，也作为钢铁设备的防锈剂。

　　最初苯甲酸是由安息香胶干馏或碱水解制得，也可由马尿酸水解制得。工业上苯甲酸是在钴、锰等催化剂存在下用空气氧化甲苯制得；或由邻苯二甲酸酐水解脱羧制得，实验室可通过苯环支链上的氧化反应获得。制备羧酸常用的氧化剂有硝酸、重铬酸钾（钠）的硫酸溶液、高锰酸钾、过氧化氢及过氧酸等。

【实验要求】

　　（1）本实验要求同学以 1mL 甲苯为原料设计一个微型仪器制备的合成路线，氧化剂的种类、氧化介质的条件自选。

　　（2）查阅文献设计合成路线、粗产品的纯化方法、产品的检验等，进行可行性分析。

　　（3）认真观察现象，做好实验记录，写出实验报告。

【参考文献】

［1］林敏，周金梅，阮永红编著．小量、半微量、微量有机化学实验．北京：高等教育出版社，2010，8.

［2］程青芳主编．有机化学实验．南京：南京大学出版社，2006，1.

［3］周宁怀，王德琳编．微型有机化学实验．北京：科学出版社，1999，8.

　　[4] 高占先主编. 有机化学实验. 北京：高等教育出版社，2004.

【实验设计的参考要求表】

参考药品	参考仪器	要　　求	备　　注
甲苯、高锰酸钾、重铬酸钾、硝酸、硫酸、氢氧化钠、水等	回流、蒸馏、减压抽滤装置、磁力搅拌器等	(1)查阅资料，独立设计以1mL甲苯为原料制备苯甲酸的实验方案； (2)了解方案中所涉及的基本操作原理和要领； (3)根据所做实验，撰写论文式报告	任选一种氧化剂，反应的介质也可不同；注意原料的投料比

4.8　苯乙酮的制备

　　苯乙酮或称乙酰苯，为无色晶体或浅黄色油状液体，有山楂的气味。熔点20.5℃，沸点202.3℃，密度1.0281g/cm³。微溶于水，易溶于多种有机溶剂。它能与蒸气一起挥发，氧化时可以生成苯甲酸；还原时可生成乙苯，完全加氢时生成乙基环己烷。

　　苯乙酮作溶剂使用时，有沸点高、稳定、气味愉快等特点。溶解能力与环己酮相似，能溶解硝化纤维素、乙酸纤维素、乙烯树脂、香豆酮树脂、醇酸树脂、甘油醇酸树脂等。常与乙醇、酮、酯以及其他溶剂混合使用。作香料使用时，是山楂、含羞草、紫丁香等香精的调和原料，并广泛用于皂用香精和烟草香精中。用于合成苯乙醇酸、α-苯基吲哚、异丁苯丙酸等，也用作增塑剂、香料成分及药物原料等。有沸点高、稳定等特点，常与其他溶剂混合使用。

　　苯乙酮的制备可由苯与乙酰氯、醋酐或乙酸在催化剂作用下经傅-克酰基化反应制得。傅-克反应常用的催化剂有：无水三氯化铝、三氯化铁、氯化锌、氟化硼和硫酸等。

【实验要求】

　　(1) 本实验要求同学以4mL苯为原料设计一个微型仪器制备的合成路线，催化剂的种类、酰基化试剂自选。

　　(2) 查阅文献设计合成路线、粗产品的纯化方法、产品的检验等，进行可行性分析。

　　(3) 认真观察现象，做好实验记录，写出实验报告。

【参考文献】

　　[1] 丁长江. 有机化学实验. 北京：科学出版社，2006，6.

　　[2] 程青芳. 有机化学实验. 南京：南京大学出版社，2006，1.

　　[3] 李明，刘永军，王书文等. 有机化学实验. 北京：科学出版社，2010，10.

［4］林敏，周金梅，阮永红．小量、半微量、微量有机化学实验．北京：高等教育出版社，2010，8.

【实验设计的参考要求表】

参考药品	参考仪器	要　　求	备　　注
苯、醋酐、乙酸、三氯化铝、三氯化铁、氯化锌、硫酸等	回流、蒸馏、减压抽滤装置、磁力搅拌器等	(1)查阅资料,独立设计以 4mL 苯为原料制备苯乙酮的实验方案； (2)了解方案中所涉及的基本操作原理和要领； (3)根据所做实验,撰写论文式报告	催化剂的种类、酰基化试剂自选

附　录

附录Ⅰ　常用元素相对原子质量

元素名称		相对原子质量	元素名称		相对原子质量	元素名称		相对原子质量
银	Ag	107.87	铜	Cu	63.546	镍	Ni	58.693
铝	Al	26.982	氟	F	18.998	氧	O	15.999
氩	Ar	39.948	铁	Fe	55.845	磷	P	30.974
砷	As	74.922	氢	H	1.0079	铅	Pb	207.2
金	Au	196.97	氦	He	4.0026	钯	Pd	106.42
硼	B	10.811	汞	Hg	200.59	铂	Pt	195.08
钡	Ba	137.33	碘	I	126.90	硫	S	32.066
溴	Br	79.904	钾	K	39.098	硒	Se	78.96
碳	C	12.011	锂	Li	6.941	硅	Si	28.086
钙	Ca	40.0788	镁	Mg	24.305	锡	Sn	118.71
镉	Cd	112.41	锰	Mn	54.938	钛	Ti	47.867
氯	Cl	35.453	钼	Mo	95.94	钒	V	50.942
钴	Co	58.933	氮	N	14.007	钨	W	183.84
铬	Cr	51.996	钠	Na	22.990	锌	Zn	65.39

附录Ⅱ　常用的酸碱浓度和组成

试剂名称	d_4^{20}	浓度	
		质量分数/%	$c/(\text{mol/L})$
浓氨水	0.900～0.907	25.0～28.0	13.32～14.44
硝酸	1.391～1.405	65.0～68.0	14.36～15.16
氢溴酸	1.490	47.0	8.60
氢碘酸	1.500～1.550	45.3～45.8	5.31～5.55
盐酸	1.179～1.185	36.0～38.0	11.65～12.38
硫酸	1.830～1.840	95.0～98.0	17.80～18.50
冰醋酸	≤1.050	≥99.8	≥17.45
磷酸	≥1.680	≥85.0	≥14.60
氢氟酸	1.128	≥40.0	≥22.55
过氯酸	1.206～1.220	30.0～31.6	3.60～3.84

附录Ⅲ　常见有机溶剂沸点和相对密度表

名称	沸点/℃	n_D^{20}	名称	沸点/℃	n_D^{20}
甲醇	64.69	0.7914	苯	80.1	0.8787
乙醇	78.5	0.7893	甲苯	110.6	0.8669
乙醚	34.51	0.7138	二甲苯（o，m，p-）	140	
丙酮	56.2	0.7899	氯仿	61.7	1.4832
醋酸	117.9	1.0492	四氯化碳	76.54	1.5940
醋酐	139.55	1.0820	二硫化碳	46.25	1.2632
乙酸乙酯	77.06	0.9003	硝基苯	210.8	1.2037
二氧六环	101.1	1.0337	正丁醇	117.25	0.8098

附录Ⅳ　压力换算表

单位	公斤力/平方厘米 (kg/cm²)	兆帕（斯卡）(MPa)	巴(bar)	标准大气压(atm)	毫米水柱(mmH₂O)	毫米汞柱(mmHg)
公斤力/平方厘米	1	0.0981	0.981	0.9678	10^4	735.6
兆帕（斯卡）	10.2	1	10	9.678	1.02×10^5	7.50×10^3
巴	1.02	0.1	1	0.9869	1.02×10^4	750
标准大气压	1.0332	0.1013	1.0133	1	1.03×10^4	760
毫米水柱	10^{-4}	9.81×10^{-6}	98.1×10^{-6}	0.968×10^{-4}	1	73.6×10^{-3}
毫米汞柱	1.36×10^{-3}	1.33×10^{-4}	1.33×10^{-3}	1.316×10^{-3}	13.6	1

注：1. 1MPa＝1000kPa＝1000000Pa＝10.1972kg/cm²＝10bar＝9.86927atm＝145.038psi，1lb/in²＝7500.62mmHg。

2. 1kg/cm²＝98.0665kPa＝9.80665×10⁻²MPa＝0.980665bar＝0.967841atm＝10mmH₂O＝7350559mmHg。

3. 真空度以mmHg（Torr）或kPa、Pa为单位时，指的是绝压，又称残压、压力，剩余压力或吸入压力。当以MPa为单位时，指的是弹簧真空表的表压，例：0.078MPa，那么绝压为0.1MPa－0.078MPa＝0.022MPa。

附录Ⅴ　水的饱和蒸气压① （0～100℃）

$t/℃$	$p/mmHg$	$t/℃$	$p/mmHg$	$t/℃$	$p/mmHg$	$t/℃$	$p/mmHg$
0	4.58	15	12.79	30	31.82	85	433.60
1	4.93	16	13.63	31	33.70	90	525.76
2	5.29	17	14.53	32	35.66	91	546.05
3	5.69	18	15.48	33	37.73	92	566.99
4	6.10	19	16.48	34	39.9	93	588.60
5	6.54	20	17.54	35	42.18	94	610.90
6	7.01	21	18.65	40	55.32	95	633.90
7	7.51	22	19.83	45	71.88	96	657.62
8	8.05	23	21.07	50	92.51	97	682.07
9	8.61	24	22.38	55	118.04	98	707.27
10	9.21	25	23.76	60	149.38	99	733.24
11	9.84	26	25.21	65	187.54	100	760.00
12	10.52	27	26.74	70	233.70		
13	11.23	28	28.35	75	289.10		
14	11.99	29	30.04	80	355.10		

① 国家标准压力单位为Pa，1mmHg＝133Pa。

附录Ⅵ 常用有机试剂的纯化

市售有机试剂的保证试剂（GR）、分析试剂（AR）、化学试剂（CP）及工业品等不同规格，可以根据实验对试剂的具体要求直接选用，一般不需要做纯化处理。有机试剂的纯化工作主要应用于以下几种情况：①某些实验对试剂的要求特别高，普通市售试剂不能满足要求；②试剂久置，由于氧化、吸潮、光照等原因使之增加了额外的杂质而不能满足实验要求；③试剂用量较大，为避免购买昂贵的高规格试剂而需要以较低规格试剂代用。

1. 环己烷（沸点 80.7℃，n_D^{20} 1.4266，d_4^{20} 0.7785）

环己烷中所含杂质主要是苯，一般不需要除去。若必须除去，可用冷的混酸（浓硫酸和浓硝酸的混合物）洗涤几次，使苯硝化后溶于酸层而除去，然后用水洗去残酸，干燥分馏，加入钠丝保存。

2. 甲醇（沸点 64.96℃，n_D^{20} 1.328，d_4^{20} 0.7914）

通常所用的甲醇由合成而来。含水量不超过 0.5％～1％，由于甲醇和水不能形成共沸物，因此可以借高效的分馏柱将少量的水除去，精制甲醇含有 0.02％丙酮和 0.1％水，一般可以应用。如果要制得无水甲醇，可以用镁的方法（见乙醇）；若要求甲醇中含水量低于 0.1％，也可用 3A 或 4A 分子筛干燥。

3. 乙醇（沸点 78.5℃，n_D^{20} 1.3611，d_4^{20} 0.7893）

无水乙醇的制备：在 1L 圆底烧瓶中，加入 600mL 95％乙醇和 160g 新煅烧过的生石灰。烧瓶上要装回流冷凝管和氯化钙干燥管，所用的仪器必须干燥。将此混合物在沸水浴中加热回流 6h。放置过夜。然后改成蒸馏装置，仍用氯化钙干燥管保护。在沸水浴中加热蒸馏，开始蒸出的 10mL 另行收集。经此处理可以得到99.5％乙醇。

绝对乙醇的制备：在圆底烧瓶中放置 0.6g 干燥的镁条和 10mL 99.5％乙醇。在水浴中微热后，移去热源，立即投入几小粒碘（不要摇动），不久碘粒周围发生反应。慢慢扩大，最后达到剧烈的程度。当全部镁条反应完毕后，加入 100mL 99.5％乙醇和几粒沸石，加热回流 1h。取下冷凝管，改成蒸馏装置，按收集无水乙醇的要求进行蒸馏。经此处理可以得到 99.95％乙醇。

4. 丙酮（沸点 56.2℃，n_D^{20} 1.3588，d_4^{20} 0.7899）

普通丙酮中往往含有少量水及甲醚、乙醛等还原性杂质，可用下列方法提纯。

（1）在 100mL 丙酮中加入 5g KMnO₄ 固体回流，以除去还原性杂质。若 KMnO₄紫色很快消失，需要再加入少量的 KMnO₄继续回流，直至紫色不消失为止。蒸出丙酮、无水 K₂CO₃ 或无水 CaSO₄ 干燥，过滤，蒸馏收集 55～56.5℃的馏分。

（2）于 1000mL 丙酮中加入 40mL 10％ AgNO₃ 溶液及 35mL 0.1mol/L NaOH

溶液，振荡除去还原性杂质。过滤，滤液用无水 K_2CO_3 干燥后，蒸馏收集 $55\sim$ 56.5 的馏分。

5. 乙酸乙酯（沸点 77.06℃，n_D^{20} 1.3723，d_4^{20} 0.9003）

普通乙酸乙酯含量为 95%～98%，含有少量水、乙醇和醋酸，可用下列方法提纯：于 100mL 乙酸乙酯中加入 100mL 醋酸酐、10 滴浓硫酸，加热回流 4h，除去乙醇及水等杂质，然后进行分馏。分馏液用 20～30g 无水碳酸钾振荡，再蒸馏。最后产物的沸点为 77℃，纯度达 99.7%。

6. 氯仿（沸点 61.7℃，n_D^{20} 1.4459，d_4^{20} 1.4832）

普通用的氯仿含有 1% 的乙醇，这是为了防止氯仿分解为有毒的光气，作为稳定剂加进去的。为了除去乙醇，可以将氯仿用一半体积的水振荡数次，然后分出下层氯仿，用无水氯化钙干燥数小时后蒸馏。

另一种精制方法是将氯仿加入少量浓硫酸一起振荡几次。每 100mL 氯仿用浓硫酸 50mL。分去酸层以后的氯仿用水洗涤、干燥，然后蒸馏。除去乙醇的无水氯仿保存在棕色瓶中，并且不要见光，以免分解。

7. 石油醚

石油醚是轻质石油产品，是低分子量烃类（主要是戊烷和乙烷）的混合物。其沸程为 30～150℃，收集的温度区间一般为 30℃ 左右，如有 30～60℃、60～90℃、90～120℃ 等沸程规格的石油醚。石油醚中含有少量不饱和烃，沸点与烷烃接近，用蒸馏方法无法分离，必要时可以用浓硫酸和高锰酸钾把它除去。通常将石油醚用其体积的 1/10 的浓硫酸洗涤两三次，再用 10% 的硫酸加入高锰酸钾配成的饱和溶液洗涤，直至水层中的紫色不再消失为止。然后再用水洗，经无水氯化钙干燥后蒸馏。如要绝对干燥的石油醚可以加入钠丝。

8. 吡啶（沸点 115.5℃，n_D^{20} 1.5095，d_4^{20} 0.9819）

分析纯的吡啶中含有少量的水分，但已可供一般应用。如要制得无水吡啶，可与粒状氢氧化钠或氢氧化钾一起回流，然后隔绝潮气蒸出备用。干燥的吡啶吸水性很强，保存时应将容器口用石蜡封好。

9. 乙醚（沸点 34.51℃，n_D^{20} 1.3526，d_4^{20} 0.7138）

乙醚中常含有水、乙醇及少量过氧化物等杂质。制备无水乙醚时首先要检测有无过氧化物，否则容易发生危险。检测方法是取少量乙醚与等体积的 2% 碘化钾溶液及几滴稀盐酸一起振荡，此混合物如能使淀粉呈蓝色或紫色，表示有过氧化物存在。然后将乙醚置于分液漏斗中，加入相当于乙醚体积 1/5 的新配制的硫酸亚铁溶液（其配制方法如下：取 100mL 水，加 6mL 浓硫酸，再加 60g 硫酸亚铁）。剧烈振荡后分去水层，余下的醚层每 100mL 中加入 12g 无水氯化钙，干燥一昼夜滤去氯化钙，于乙醚中加入新切的薄片状金属钠，瓶口用装有氯化钙干燥管的软木塞塞紧，当新鲜的金属钠加入时不再有氢气放出，表示乙醚中不再有乙醇等杂质，便可直接量取使用。

10. 苯（沸点 80.1℃，n_D^{20} 1.5011，d_4^{20} 0.8787）

分析纯的苯通常可以直接使用。但普通苯中含有少量水（0.02%），由煤焦油加工得来的苯还含有少量噻吩（沸点 84℃），不能用分馏或分步结晶等方法分离除去。为制得无水、无噻吩苯可采用下列方法。

（1）无水苯：用无水氯化钙干燥过夜，滤除氯化钙后加入钠丝进一步去水。

（2）无水、无噻吩苯：在分液漏斗中将普通苯与相当苯体积 15% 的浓硫酸一起振荡，振荡后将混合物静置，分去下层的酸液，再加入新的浓硫酸，这样重复操作直至酸层呈无色或淡黄色，且检验无噻吩为止。分去酸层，苯层依次用水、10% 碳酸钠溶液、水洗涤，再用无水氯化钙干燥，蒸馏，收集 80℃的馏分。若要高度干燥，可加入钠丝进一步去水。

噻吩的检验：取 5 滴苯加入试管中，加入 5 滴浓硫酸及 1~2 滴 1% α,β-吲哚醌浓硫酸溶液，振荡片刻。如呈墨绿色或蓝色，表示有噻吩存在。

11. 四氢呋喃（沸点 67℃，n_D^{20} 1.4050，d_4^{20} 0.8892）

市售四氢呋喃中含有少量的水，存放较久可能有少量过氧化物。在进行纯化处理前需要谨慎并除去可能存在的过氧化物。检验方法见乙醚。

含过氧化物的四氢呋喃可先用无水硫酸钙或固体氢氧化钾初步干燥，滤除干燥剂后，按每 250mL 四氢呋喃加 1g 氢化铝锂并在隔绝潮气的条件下回流 1~2h。然后常压蒸馏收集 65~67℃的馏分（不可蒸干）。所得四氢呋喃精制品应在氮气保护下储存，如要较久存放，还应加入 0.025% 的 2,6-二叔丁基-1-甲苯酚作为稳定剂。

附录 Ⅶ　常见有机官能团的定性鉴定

官能团的定性鉴定就是利用有机化合物中官能团的不同特征，与某些试剂产生特殊的现象，如颜色变化、沉淀析出、气体产生等来证明样品中是否存在某种预期的官能团。官能团的定性鉴定具有反应快、操作简便的特点，可为进一步鉴定化合物的结构提供重要的信息。

1. 不饱和烃的鉴定（—C＝C—，—C≡C—）

a. Br/CCl₄ 溶液实验　于干燥的试管中加入 2mL 2%Br/CCl₄ 溶液，加入 5 滴试样。振荡试管。如果试液褪色，表明样品中有不饱和键（—C＝C—，—C≡C—）。

[注] 环己烷也能使 Br/CCl₄ 溶液褪色。某些具有烯醇式结构的醛、酮，某些带有强活性基团的芳烃等也会使 Br/CCl₄ 溶液褪色。某些烯烃（如反丁烯二酸）或炔烃与溴加成很慢或不加成。

b. KMnO₄ 溶液实验　在试管中加入 2mL 1%KMnO₄ 溶液，加入 2 滴试样。振荡试管，如果溶液褪色，有褐色点生成，表明样品中有不饱和键（—C＝C—，—C≡C—）。

［注］某些醛、酚和芳香胺等也可以使 KMnO$_4$ 溶液褪色。

c. 银氨溶液实验　　在试管中加入 0.5mL 5％硝酸银溶液，再加入 1 滴 5％ NaOH 溶液，然后滴加 2％氨水溶液，直至开始形成的氢氧化银沉淀溶解为止。在此溶液中加入 2 滴试样，如果有白色沉淀生成，表明样品中存在不饱和键（—C≡C—H）。

d. 铜氨溶液实验　　在试管中加入 1mL 水，加入绿豆大小的固体氯化亚铜，然后滴加浓氨水至沉淀完全溶解。在此溶液中加入 2 滴试样，如果有砖红色点生成，表明样品中存在不饱和键（—C≡C—H）。

（2）芳烃的鉴定

a. 发烟硫酸实验　　在试管中加入 1mL 含 20％SO$_3$ 的发烟硫酸，逐滴加入 0.5mL 样品，振荡后静置。如果样品强烈放热并完全溶解，表明为芳烃。

［注］该实验使用的样品可能是芳烃、烷烃或环烷烃中的一种。

b. 氯仿-无水三氯化铝实验　　在试管中加入 1mL 纯三氯甲烷和 0.1mL 样品。倾斜试管，润湿管壁。再沿管壁加入少量无水三氯化铝。观察壁上颜色。壁上颜色与各种芳烃的关系为：苯及其同系物——橙色至红色；联苯——蓝色；卤代芳烃——橙色至红色；萘——蓝色；菲——紫红色。

3. 卤代烃的鉴定

a. 硝酸银溶液实验　　在试管中加入 1mL 5％AgNO$_3$/C$_2$H$_5$OH 溶液，加入 2～3 滴试样，振荡。如果立即产生沉淀，可能为苄基卤、烯丙基卤或叔卤代烃。如无沉淀产生，则加热煮沸片刻，若生成沉淀，加入 1 滴 5％硝酸银后沉淀不溶解的，可能为仲卤代烃或伯卤代烃。如加热不能生成沉淀，或生成的沉淀可溶于 5％硝酸，可能为乙烯基卤代烃或卤代芳烃或同碳多卤代化合物。

［注］酰卤也可与硝酸银溶液反应立即生成沉淀。

b. 碘化钠溶液实验　　在试管中加入 2mL 15％NaI-丙酮溶液，加入 4～5 滴试样，振荡。如在 3min 内生成沉淀，可能为苄基卤、烯丙基卤或伯卤代烃，如 5min 内仍无沉淀生成，可在 50℃水浴中温热。如生成沉淀，可能为仲卤代烃或叔卤代烃；如仍无沉淀，可能为卤代芳烃、乙烯基卤。

4. 醇的鉴定

a. 硝酸铈铵实验　　将 2 滴液体试样或 50mg 固体样品溶于 2mL 水中（若样品不溶于水，可以用 2mL 二氧六环代替），再加入 0.5mL 硝酸铈铵溶液，振荡。如果溶液呈红色或橙红色，表明醇的存在。以空白试验做对比效果更佳。

［注］硝酸铈铵溶液配制：100g 硝酸铈铵加入 25mL 2.0mol/L 硝酸，加热溶解后冷至室温。该方法适合于碳数小于 10 的醇的鉴定。

b. Lucas 实验　　在试管中加入 5～6 滴样品及 2mL Lucas 试剂后振荡观察。如立即出现浑浊或分层，可能为苄醇、烯丙醇或叔醇。如不见浑浊，放在温水浴中温热 2～3min，静置观察，如慢慢出现浑浊并最后分层者为仲醇，不起作用者为伯醇。

[注] Lucas 试剂的配制：将无水氯化锌在蒸发皿中加热溶解，稍冷却后在干燥器中冷至室温，取出捣碎。称取 136g 溶于 90mL 浓盐酸中，配制过程应加搅动，并把容器放在冰水浴中冷却，以防止盐酸大量挥发。多于 6 个碳原子的醇不溶于水，不能用此法鉴定。

5. 酚的鉴定

a. 三氯化铁实验　在试管中加入 0.5mL 1% 的样品水溶液或稀乙醇溶液，再加入 2～3 滴 1% 的三氯化铁水溶液。如果有颜色出现，表明有酚类存在。

[注] 不同的酚与三氯化铁生成的配合物颜色大多不同，常见为红、紫、蓝、绿等颜色。有烯醇结构的化合物与三氯化铁也能显色，多为紫红色。

b. 溴水实验　在试管中加入 0.5mL 1% 的样品溶液，逐滴加入溴水。如果溴水的颜色不断褪去，并有白色沉淀生成，表明有酚类存在。

[注] 芳香胺与溴水也有同样反应。

6. 醛和酮的鉴定

a. 2,4-二硝基苯肼实验　在试管中加入 2mL 2,4-二硝基苯肼试剂，加入 3～4 滴样品后振荡。如果无沉淀析出，可微热半分钟再振荡观察。如果冷却后有橙黄色或橙红色沉淀生成，表明样品中含醛和酮。

[注] 2,4-二硝基苯肼试剂的配制：取 2,4-二硝基苯肼 1g，加入 7.5mL 浓硫酸，溶解后将此溶液慢慢倒入 75mL 95% 乙醇中，用水稀释至 250mL，必要时可过滤备用。羧酸及其衍生物不与 2,4-二硝基苯肼加成。

b. 饱和亚硫酸氢钠实验　在试管中加入新配制的饱和亚硫酸氢钠溶液 2mL，再加入样品 6～8 滴，振荡并置于冰水浴中冷却。如果有白色沉淀析出，表明样品中含醛和脂肪族甲基酮。

c. 碘仿实验　在试管中加入 5 滴样品，加入 1mL I_2/kI 溶液，再滴加 5% NaOH 溶液约 1.5mL，振荡，观察现象，如果振荡后反应液变为淡黄色，继续振荡后，淡黄色逐渐消失并出现浅黄色沉淀，表明样品为甲基酮。

[注] I_2/KI 溶液的配制：20g 碘化钾溶于 100mL 水中，然后加入 10g 研细的淀粉，搅拌至全溶，得到深红色溶液。具有 α-羟乙基结构的化合物也能发生碘仿反应。

d. Tollens 实验　在洁净试管中加入 2mL 5% 的硝酸银溶液，振荡下逐滴加入浓氨水，至产生的棕色沉淀恰好溶解为止。然后加入 2 滴样品，在水浴中温热并振荡。观察现象，如果有银镜生成，表明为醛类化合物。

e. Fehling 实验　在试管中加入 Fehling A 和 Fehling B 各 0.5mL 混合均匀，然后加入 3～4 滴样品，在沸水浴中加热，观察现象，如果有砖红色沉淀，表明为脂肪族醛类化合物。

[注] Fehling 试剂的配制。Fehling A：溶解 7g 五水硫酸铜晶体于 1000mL 水中。Fehling B：溶解 34.6g 酒石酸钾晶体、14g 氢氧化钠于 1000mL 水中。芳香醛不溶于水，所以不能发生 Fehling 反应。

7. 羧酸及其衍生物的鉴定

a. **羧酸的鉴定**　在配有胶塞和导气管的试管中加入 2mL 饱和 $NaHCO_3$ 溶液，滴加 5 滴样品。产生的气体用 5% $BaCl_2$ 溶液检验。如果出现沉淀，表明有羧酸类化合物。

[注] 比羧基酸性更强的基团，如—SO_3H，或能水解成羧基或酸性更强的基团，如酸酐、酰卤等，也能有此反应。

b. **酰卤的鉴定**　在试管中加入 1mL 5% $AgNO_3/C_2H_5OH$，加入 2～3 滴样品振荡，观察现象。如果立即产生沉淀，表明存在酰卤。

[注] 苄基卤、烯丙基卤或叔卤代烃也有同样反应。

c. **酰胺的鉴定**　在试管中加入 2mL 6mol/L NaOH 溶液，然后加入 4～5 滴样品，煮沸观察现象。如果有气体产生，表明样品为酰胺。

d. **乙酰乙酸乙酯的鉴定**　在试管中加入 1mL 饱和 $Cu(Ac)_2$ 溶液和 1mL 样品，振荡混合，观察现象。如果有蓝绿色沉淀生成，则再加入 1～2mL 氯仿后进行振荡，如果沉淀消失，表明样品中含乙酰乙酸乙酯。

[注] 乙酰乙酸乙酯还可以用 2,4-二硝基苯肼实验、饱和亚硫酸氢钠实验、三氯亚铁-溴水实验等。参见前面各有关内容。

8. 胺的鉴定

a. **Hinsberg 实验**　在试管中加入 2.5mL 10% NaOH 溶液、0.5mL 苯磺酰氯和 0.5mL 样品，在不高于 70℃ 的水浴中加热并振荡 1min，冷却后用试纸检验，如不呈碱性，则再滴加 10% 的 NaOH 溶液呈碱性。观察现象并判断：①若溶液清澈，用 6mol/L HCl 酸化。如果酸化后析出沉淀或油状物，则样品为伯胺。②若溶液中有沉淀或油状物析出，也用 6mol/L HCl 酸化，如果沉淀不消失，则样品为仲胺。③无反应，溶液中仍有油状物，用盐酸酸化后油状物溶解为澄清溶液，则样品为叔胺。

b. 在试管 Ⅰ 中加入 2mL 30% H_2SO_4 溶液和 3 滴样品后混合均匀。在试管 Ⅱ 中加入 2mL 10% $NaNO_2$ 水溶液，在试管 Ⅲ 中加入 4mL 10% NaOH 溶液和 0.2g β-萘酚。将以上三支试管都放在冰盐浴中冷却至 0～5℃，然后将 Ⅱ 中的溶液倒入 Ⅰ 中，振荡并维持温度不高于 5℃。观察现象并判断：①若在此温度下有大量气泡冒出，则样品为脂肪族伯胺。②若在此温度下不冒气泡或仅有极少量气泡冒出，溶液中也无固体或油状物析出，则取试管 Ⅲ 中溶液逐滴滴入其中，产生红色沉淀的表明样品为芳香族伯胺。③若溶液中有黄色固体或油状物析出，则用 10% NaOH 溶液中和至碱性。如果颜色保持不变，表明样品为仲胺；如果中和以后转变为绿色固体，表明样品为叔胺。

9. 糖类的鉴定

a. **Molish 实验**　在试管中加入 0.5mL 的样品水溶液，滴入 2 滴 10% 的 α-萘酚-乙醇溶液，混合均匀后将试管倾斜约 45°，沿试管壁慢慢加入 1mL 浓 H_2SO_4

（勿摇动）。如果在两层交界处出现紫色环，表明样品中含有糖类化合物。

　　b. 成脎实验　在试管中加入 1mL 5％的样品溶液和 1mL 2,4-二硝基苯肼试剂，混合均匀后在沸水中加热。记录并比较形成结晶所需的时间，用显微镜观察脎的晶形并与已知的糖脎做比较。

　　注：糖类也可用 Tollens 实验或 Fehling 实验鉴定。参照前面各有关内容。

　　10. 蛋白质的鉴定

　　a. 双缩脲实验　在试管中加入 10 滴清蛋白溶液和 1mL 10％NaOH 溶液，混合均匀后加入 4 滴 5％CuSO$_4$ 溶液，振荡观察现象。如果有紫色出现，表明蛋白质分子中有多个肽键。

　　b. 黄蛋白实验　在试管中加入 1mL 清蛋白溶液，滴入 4 滴浓 HNO$_3$，出现白色沉淀。将试管置于水浴中加热，沉淀变为黄色。冷却后滴加 10％NaOH 溶液或浓氨水，黄色变为更深的橙黄色，表明蛋白质中含有酪氨酸、色氨酸或苯丙氨酸。

参 考 文 献

[1] 丁长江. 有机化学实验 [M]. 北京: 科学出版社, 2006.

[2] 程青芳. 有机化学实验 [M]. 南京: 南京大学出版社, 2006.

[3] 李明, 刘永军, 王书文等. 有机化学实验 [M]. 北京: 科学出版社, 2010.

[4] 林敏, 周金梅, 阮永红. 小量、半微量、微量有机化学实验 [M]. 北京: 高等教育出版社, 2010.

[5] 周宁怀, 王德琳. 微型有机化学实验 [M]. 北京: 科学出版社, 1999.

[6] 高占先. 有机化学实验 [M]. 第4版. 北京: 高等教育出版社, 2004.

[7] 孔祥文. 有机化学实验 [M]. 北京: 化学工业出版社, 2011.

[8] 李英俊. 半微型有机化学实验 [M]. 北京: 化学工业出版社, 2009.

[9] 贾瑛, 许国根, 李剑. 绿色有机化学实验 [M]. 西安: 西北工业大学出版社, 2009.

[10] 李霁良. 微型半微型有机化学实验 [M]. 北京: 高等教育出版社, 2003.

[11] 李兆龙, 阴金香, 林天舒. 有机化学实验 [M]. 北京: 清华大学出版社, 2000.

[12] 曾昭琼. 有机化学实验 [M]. 北京: 高等教育出版社, 2000.

[13] 周科衍, 吕俊民. 有机化学实验 [M]. 北京: 高等教育出版社, 1985.

[14] 金钦汉. 微波化学 [M]. 北京: 科学出版社, 1999.

[15] 兰州大学, 复旦大学有机化学教研室编. 有机化学实验 [M]. 北京: 高等教育出版社, 1994.

[16] 《有机化学实验技术》编写组编. 有机化学实验技术 [M]. 北京: 科学出版社, 1978.

[17] 周科衍, 高占先. 有机化学实验 [M]. 第3版. 北京: 高等教育出版社, 1996.

[18] 蔡干, 曾汉维, 钟振声. 有机精细化学品实验 [M]. 北京: 化学工业出版社, 1997, 1.

[19] 宋启煌. 精细化工工艺学 [M]. 北京: 化学工业出版社, 1995, 4.

[20] 刘树文. 合成香料技术手册 [M]. 北京: 中国轻工业出版社, 2000.

[21] 谷珉珉, 贾韵仪, 姚子鹏. 有机化学实验 [M]. 上海: 复旦大学出版社, 1991.

[22] 武汉大学化学与分子科学学院实验中心编. 有机化学实验 [M]. 武汉: 武汉大学出版社, 2004.